实用钢结构节点
标准构造图集与设计手册

SHIYONG GANGJIEGOU JIEDIAN
BIAOZHUN GOUZAO TUJI YU SHEJI SHOUCE

主　编　张甫平

副主编　徐艳红　吴聚龙

参　编　卓　旬　杨国峰　邓　斌　马千里
　　　　吴莹莹　刘　凯　汪　茜　邓云芳

U0191067

重庆大学出版社

图书在版编目(CIP)数据

实用钢结构节点标准构造图集与设计手册/张甫平
主编. -- 重庆:重庆大学出版社,2020.1
ISBN 978-7-5689-2279-1

Ⅰ.①实… Ⅱ.①张… Ⅲ.①钢结构—节点—结构设
计 Ⅳ.①TU391.04

中国版本图书馆 CIP 数据核字(2020)第 116114 号

实用钢结构节点标准构造图集与设计手册

主 编 张甫平
副主编 徐艳红 吴聚龙
策划编辑:张 婷

责任编辑:李定群 版式设计:张 婷
责任校对:刘志刚 责任印制:赵 晟

*

重庆大学出版社出版发行
出版人:饶帮华
社址:重庆市沙坪坝区大学城西路 21 号
邮编:401331
电话:(023)88617190 88617185(中小学)
传真:(023)88617186 88617166
网址:http://www.cqup.com.cn
邮箱:fxk@cqup.com.cn(营销中心)
全国新华书店经销
重庆升光电力印务有限公司印刷

*

开本:889mm×1194mm 1/16 印张:11.75 字数:393 千
2020 年 1 月第 1 版 2020 年 1 月第 1 次印刷
ISBN 978-7-5689-2279-1 定价:49.00 元

本书如有印刷、装订等质量问题,本社负责调换
版权所有,请勿擅自翻印和用本书
制作各类出版物及配套用书,违者必究

前　言

随着全球经济一体化进程的不断加快,在全球范围内配置、利用资源已经成为一种时代潮流,为了获得更大的市场和发展空间,世界大型企业纷纷选择跨国经营。在世界经济和国际建筑产业蓬勃发展的形势下,在"一带一路"建设思路的推动下,中国建筑企业进入国际建筑市场的步伐不断加快,在国际市场开拓领域不断拓宽,融入国际市场程度不断加深。在这一过程中,必然要面对各国不同的行业规范,面对在其标准体系下如何衔接的问题,这在一定程度上阻碍了中国企业走出国门开拓国外市场。因此,有必要了解各国标准体系的内容及其实施情况,通过实际项目运用并总结,为今后涉外工程积累经验,提高企业的竞争力。不同标准体系之间的互通互换是建筑企业进一步开拓市场的基石,只有了解各种标准下的设计原则及应用条件,我们的企业才能跻身于世界市场。

为此,中建安装申请了中国建筑股份有限公司的课题《基于欧美标准的钢结构节点设计国标化研究及智能化设计开发》,课题编号 CSCEC-2015-Z-7,并获得了资助。通过该课题开发欧标、美标和国标的钢结构节点计算程序,并与所建立的标准节点库相对应,利用钢结构详图设计软件 Tekla Structures 开放的 API,将所开发的节点智能化设计软件嵌入该软件,实现设计与详图的一体化。针对每种类型的节点,按不同标准体系的设计方法编制设计程序,在设计时,可根据不同的节点形式调用不同的程序进行设计计算。本设计图集在该课题的框架体系下,对钢结构节点进行分类,对不同类型的节点特征及节点连接计算过程进行归纳和总结,建立标准节点库,方便设计人员选择和查看。

本图集由五部分组成,首先介绍了图集的适用范围及 Tekla 软件的基本 BIM 技术应用,其次从材料选用及钢结构连接基本要素出发介绍了钢材、螺栓、焊接、栓钉和锚栓等节点连接常用元素,结合 Tekla 软件特点绘制了如焊缝、构件加工、安装措施等钢结构节点连接实用通图,并根据不同连接节点类型绘制了梁柱节点、梁梁节点、支撑节点、柱脚节点、其他节点等构造图集。

编　者

2019 年 12 月

目　　录

第1章 总 则

1.1 概述

1.1.1 钢结构连接节点

在钢结构体系中，所有的钢构件都是通过节点来连接的。因此，钢结构连接节点的构造设计及其连接计算是钢结构设计工作中一个非常重要的环节。对钢结构连接节点的设计应遵循以下基本要求：

（1）连接节点应能够保证内力传递的简洁明确、安全可靠，节点构造设计的力学特性应与主体结构计算时的节点性质相一致。

（2）连接节点应具备足够的强度和刚度。对于高层民用建筑钢结构的连接，非抗震设计的结构应按现行国家标准《钢结构设计标准》（GB 50017）的有关规定执行。抗震设计时，构件按多遇地震作用下内力组合设计值选择截面；连接设计应符合构造措施要求，按弹塑性设计，连接的极限承载力应大于构件的全塑性承载力。

（3）节点应具有较好的延性设计。采取合理的细部构造以免节点发生局部屈曲或脆性破坏。

（4）节点的设置和设计应便于加工制作、运输安装和调整维护，并尽可能地减少工地安装的工作量，以保证质量、提高工效。

（5）节点设计应经济合理。

按照节点的力学特性，钢结构节点可分为刚性节点、铰接节点和半刚性节点。刚性节点与连接的构件一样可以承担和传递弯矩、剪力和轴力，保证在整个构件的受力过程中连接构件之间的夹角保持不变，无相对转动；铰接节点理论上完全不能传递弯矩，只能传递轴力和剪力，节点连接的构件可在节点处自由转动；半刚性节点能传递一定的弯矩，节点的弹性刚度比所连接构件的弹性刚度要低很多，一般节点设计计算可以不考虑节点的半刚性，因为节点构造形成的半刚性连接，对整体结构的安全度影响很小。

按照节点连接方式不同，钢结构连接节点有螺栓连接、焊接连接、栓焊混合连接及铆钉连接。其中，铆钉连接现已基本上被焊缝连接和螺栓连接所取代。

1.1.2 Tekla Structures 软件

Tekla Structures 是芬兰 Tekla 公司开发的钢结构详图设计软件。Tekla Structures 的功能包括 3D 实体结构模型与结构分析完全整合、3D 钢结构细部设计、3D 钢筋混凝土设计、专案管理、自动 Shop Drawing、BOM 表自动产生系统。

1）智能节点设计

Tekla Structures 拥有全系列的连接节点，可提供准确的节点参数，从简单的端板连接和支撑连接到复杂的箱形梁和空间框架，满足各种连接的需要。同时，支持通过对已有的节点进行修改，并储存到节点库中，以创建新节点。可简单地通过自动连接和自动默认功能安装到结构上。Tekla Structures 的节点校核功能可检查节点的设计错误。校核的结果以对话框的形式显示在屏幕上，同时生成一个可打印的 HTML 文档，并显示有节点的图形以及计算书。

2）模型管理

Tekla Structures 特有的基于模型的建筑系统可创建一个智能的三维模型。模型中包含加工制造以及安装时所需的一切信息，并能自动地创建车间详图及各类材料报表。整合不同专业到一个完整模型进行校核，可有效地减少施工冲突碰撞，避免返工和浪费。

3）图纸和报表

Tekla Structures 都能自动地创建图纸和报表，创建从总体布置图到任意样式的材料表以及数控机床数据等。任何对模型的修改，Tekla Structures 能自动识别，然后对相关的节点、图纸、材料表以及数控数据作出调整。

4）协同工作

Tekla Structures 是支持协同工作和标准化的开放式平台。Tekla Structures 支持多个用户对同一个模型进行操作，多用户模式可做到协同工作。建筑设计师、结构工程师、详图深化人员、工程加工人员、现场安装与管理人员、业主及总包方等可在同一时刻对同一模型进行操作，可将自己的信息加入这个模型，并从中获取信息。这样，可大大地节约时间，提高提高工作效率。

Tekla Structures 是一个开放的软件解决方案,提供与行业内其他主流软件的接口。Tekla Structures 包含有一系列同其他软件的数据接口(AutoCAD,PDMS,Microstation,Frameworks Plus 等),Tekla Structures 也集成了最新的 CIMsteel 综合标准——CIS/2。这些接口可在设计的全过程中快速准确地传递模型,有效地向上连接设计以及分析软件,向下连接 MIS/制造控制系统,整合设计的全过程——从规划、设计到加工、安装。这样的数据交流可极大地提高产量、降低成本。

通过采用 Microsoft . NET 技术设置 Tekla Open API 应用编程接口,可链接到多种不同系统,也可实现对 Tekla Structures 的二次开发。

1.1.3 BIM 技术介绍

BIM 技术是一种应用于工程设计建造管理的数据化工具。它通过参数模型整合各种项目的相关信息,在项目策划、运行和维护的全生命周期过程中进行共享和传递,使工程技术人员对各种建筑信息作出正确理解和高效应对,为设计团队以及包括建筑运营单位在内的各方建设主体提供协同工作的基础,在提高生产效率、节约成本和缩短工期方面发挥重要作用。BIM 技术涉及从规划、设计理论到施工、维护技术的一系列创新和变革,是建筑业信息化的发展趋势。BIM 的研究对实现建筑生命期管理,提高建筑行业设计、施工、运营的科学技术水平,促进建筑业全面信息化和现代化,具有巨大的应用价值和广阔的应用前景。

1)深化设计 BIM 技术

Tekla Structures 是建筑信息建模(BIM)软件,所提供的 BIM 解决方案支持从建筑设计到建造、吊装和现场管理的各个施工环节,能在材料或结构十分复杂的情况下,实现准确细致、极易施工的三维模型建模和管理。BIM 模型细度达到 LOG400,可直接用于模型单元的加工和安装。

Tekla Structures 所创建的 BIM 模型包括深化设计模型、施工过程模型和竣工模型。在工程前期,深化设计模型的主要 BIM 应用内容有进度计划模拟与优化、施工平面布置模拟与优化和重点施工方案模拟与优化。运用 BIM 技术,在工程前期可设计各专业的协调工作,大大提高设计准确性,减少错误。

Tekla 钢结构 BIM 模型转化成其他相关专业软件数字三维模型,可节省其他专业建模时间。

2)施工过程 BIM 技术

在工程施工过程中,BIM 技术应用可实现整个建筑信息共享,提高总包管理及分包协调工作效率,降低施工成本及缩短工期。在同一 BIM 模型平台上的分区域分工协作,既保证整体协作的准确性,又使短期内技术人员投入成为可能。

在施工过程中,通过 Tekla Structures 多方协同平台,可实现 BIM 技术的应用。其主要应用包括工业化生产管理、进度管理、成本管理、质量管理及现场管理。

Tekla Structures 作为一个开放的软件解决方案,能与分析和设计、管理信息系统、加工机械、项目管理、成本估算等行业内广泛应用的软件进行数据传递。Tekla Structures 支持数控机床加工,通过将模型输出为 DSTV 格式,直接链接到数控机床自动加工制作,可实现工业化生产。在进度与成本管理方面,可将对时间敏感的数据并入 3D 模型,并且可在整个项目过程中不同的阶段和细节层次上控制计划。创建、存储和管理计划任务,并将任务链接到与其相对应的模型对象。根据这些任务,可创建展示项目进展情况可自定义的模型视图和全面的 4D 模拟。

通过 Tekla Structures 图纸和报表功能,按材料使用流程,对材料统计、采购、制作及安装进行全过程实时控制,使材料的使用状况得以及时、准确地反映在上述这些过程中。当设计图纸变更时,所发生的变化可能造成的影响也能及时反馈至业主和设计方。

1.2 主要内容

本图集简单介绍了钢结构连接节点的基本构成要素:钢材、螺栓、焊接、栓钉和锚栓等。结合 Tekla Structures 软件自身的特点,绘制了钢结构节点中一些常用焊缝、构件加工切割尺寸和安装措施(如梁柱吊耳、梁定位板和临时措施)通图;编制了钢结构节点常用螺栓规格参数、型钢截面螺栓规矩表。图集部分重点是基于 Tekla Structures 软件自身节点库建模参数和图形截面等相关要素,绘制了常用钢结构节点,包含梁柱节点、梁梁节点、支撑节点、柱脚节点及其他节点;同时,对于常用的钢结构节点给出了节点设计用表,用户可根据设计内力值选择相应的节点配置表。

1.3　适用范围

本图集适用于多、高层房屋钢结构的非抗震设计及抗震设防烈度为 6~9度地区(除甲类建筑外)抗震设计的钢结构连接节点。不直接承受动力荷载的工业建筑物、构筑物的相似节点可参考使用。

1.4　编制依据

(1)《建筑抗震设计规范》(GB 50011—2010)。

(2)《钢结构设计标准》(GB 50017—2017)。

(3)《混凝土结构设计规范》(GB 50010—2010)。

(4)《高层民用建筑钢结构技术规程》(JGJ 99—2015)。

(5)《门式刚架轻型房屋钢结构技术规范》(GB 51022—2015)。

(6)《冷弯薄壁型钢结构技术规范》(GB 50018—2002)。

(7)《钢结构焊接规范》(GB 50661—2011)。

(8)《钢结构高强度螺栓连接技术规程》(JGJ 82—2011)。

(9)《多、高层民用建筑钢结构节点构造详图》(16G519)。

1.5　图集的实用性和独特性

(1)本图集一方面融合设计查表功能,代替了设计院的节点设计部分工作;同时,图集的表达形式是基于 Tekla Structures 平台的节点设计库样式给出的,方便钢结构深化设计人员进行建模、快速准确输入钢结构节点构造参数,从而使钢结构设计和深化得到高效无缝对接。

(2)本图集提供了标准化和规范化的表达方式,实现了设计、制作和施工各方人员的无缝对接,减少过程沟通。

(3)本图集基于市场上常用材料,并结合工程进行钢结构节点优化和标准化。标准化的节点材料可大批量采购,发挥集约采购优势,降低采购成本。标准件可进行工业化加工,推动工厂加工的产业化进程。

(4)在本图集中,节点采用全螺栓连接,各设计参数模数化,为螺栓节点的标准化和精细化设计提供技术储备。

(5)标准化的螺栓节点施工精度要求高,但因现场无焊接,故减少了安装环节,加快了施工进度。通过标准化和工业化的尝试,可提高我国钢结构安装水平。

(6)钢结构节点采用全螺栓连接设计,尺寸较灵活,可方便进行组合、装配和拆卸,利于镀锌、运输和吊装,是模块化和工业化生产的基础。

第2章　钢结构连接基本要素

2.1　钢材

钢材具有较高的强度、优异的变形能力和良好的加工性能,在建筑业和其他各行各业有着广泛的应用。用 H 型钢、工字钢、槽钢、角钢等热轧型钢和钢板组成以及用冷弯薄壁型钢制成的承重构件或承重结构,统称钢结构。

结构用钢主要是碳素结构钢中的低碳钢和低合金高强度钢两类。表 2.1 为主要结构用钢材及其标准的基本表格。

表2.1　主要结构用钢材及标准

钢材类别	钢材牌号	参考标准
低碳钢	Q235	GB/T 700—2006
低合金高强度结构钢	Q345,Q390,Q420	GB/T 1591—2018
建筑结构用钢板	Q235GJ,Q345GJ,Q390GJ,Q420GJ	GB/T 19879—2005

钢材的牌号、质量等级、化学成分、力学性能及可焊性等要求具体详见《钢结构设计标准》(GB 50017—2017)第4.3节和《高层民用建筑钢结构技术规程》(JGJ 99—2015)第4.1.2—4.1.9 的规定。

2.2　螺栓

螺栓是钢结构的主要连接紧固件,常用于钢结构的制作和安装过程中的构件间的连接、固定和定位等。钢结构连接用的螺栓可分为普通螺栓和高强度螺栓两大类。在高层建筑钢结构中,高强度螺栓主要作为受力螺栓,而普通螺栓仅为安装螺栓之用。

《高层民用建筑钢结构技术规程》(JGJ 99—2015)第8.1.6 条作了以下规定:高层民用建筑钢结构承重构件的螺栓连接,应采用高强度螺栓摩擦型连接。考虑罕遇地震时连接滑移,螺栓杆与孔壁接触,极限承载力按承压型

4

连接计算。

2.2.1　高强度螺栓

钢结构用高强度螺栓,专指在安装过程中使用特制的扳手,能保证螺杆中具有规定的预拉力,从而使被连接的板件接触面上有规定的预压力。

高强度螺栓按照外形可分为大六角头和扭剪型高强度螺栓两种。前者应符合《钢结构用高强度大六角头螺栓》(GB/T 1228—2006),大六角头螺栓有 8.8 级和 10.9 级两种;后者应符合《钢结构用扭剪型高强度螺栓连接副》(GB/T 3632—2008),扭剪型高强度螺栓只有 10.9 级。螺栓强度性能等级中的整数部分的"8"或"10"表示螺栓热处理后的最低抗拉强度 f_u 分别不小于 800 N/mm² 和 1 000 N/mm²,小数点及后面的数字即"0.8"和"0.9"表示螺栓经热处理后的屈强比 $\alpha = f_y / f_u$ 分别为 0.8 和 0.9。图 2.1 为两种高强度螺栓的实物图。

（a）大六角头高强度螺栓　　　（b）扭剪型高强度螺栓

图2.1　高强度螺栓

大六角头高强度螺栓与扭剪型高强度螺栓的主要区别如下:

(1)扭剪型高强度螺栓的头部有一梅花头,而大六角头高强度螺栓没有。

(2)扭剪型高强度螺栓是圆头,而大六角头高强度螺栓是六角形的。

(3)施工的工具不同。扭剪型高强度螺栓使用电动工具,而大六角头使用扭矩扳手。

(4)判断是否达到预紧力的方法不同。扭剪型高强度螺栓只要梅花头掉落,即可认为合格,而大六角头则需要调节扭矩扳手的扭矩来确认。

除了上述区别外,扭剪型高强度螺栓与大六角头高强度螺栓在材料的力学性能及拧紧后的接头连接性能方面基本相同。两种螺栓在设计时,均可作为摩擦型螺栓或承压型螺栓来计算选用。

表 2.2　高强度螺栓、螺母、垫圈的性能等级、采用钢材牌号和钢号、
适用规格及使用组合

类别		性能等级	采用钢号	钢材标准	适用规格	使用组合	
						螺母垫圈	
大六角头高强度螺栓连接副	螺栓	8.8 级	45 号钢 35 号钢	GB/T 699—2015	≤M22 ≤M16	8H	HRC35~45
		10.9 级	20MnTiB 钢 40Cr 钢	GB/T 3077—2015	≤M24	10H	HRC35~45
			35VB 钢	GB/T 3077—2015	M27~M36		
	螺母	8H	35CrMo 钢 40Cr 钢	GB/T 699—2015			
		10H	45 号钢 35 号钢	GB/T 699—2015			
			Q345 钢	GB/T 3077—2015			
	垫圈	硬度 HRC35~45	45 号钢 35 号钢	GB/T 699—2015			
扭剪型高强度螺栓连接副	螺栓	10.9 级	20MnTiB 钢	GB/T 3077—2015	≤M24	10H	HRB98~ HRC28 HV30 221~ 274
	螺母	10H	35 号钢	GB/T 699—2015			
			15MnVB 钢	GB/T 3077—2015			
	垫圈	硬度 HRB98~HRC28 HV30 221~274	45 号钢	GB/T 699—2015			

高强度螺栓、螺母、垫圈所采用的钢材及其标准、适用规格、螺栓与螺母垫圈规格的使用组合详见表 2.2。

高强度螺栓的孔径应按照表 2.3 匹配,承压型连接螺栓孔径不应大于螺栓公称直径 2 mm。

表 2.3　高强度螺栓连接的孔径匹配(mm)

螺栓公称直径			M12	M16	M20	M22	M24	M27	M30
孔型	标准圆孔	直径	13.5	17.5	22	24	26	30	33
	大圆孔	直径	16	20	24	28	30	35	38
	槽孔	长度 短向	13.5	17.5	22	24	26	30	33
		长向	22	30	37	40	45	50	55

表 2.4　高强度螺栓孔距和边距的允许间距

名 称		位置和方向		最大允许间距 (两者较小值)	最小允许间距
中心间距	外排(垂直内力方向或顺内力方向)			$8d_0$ 或 $12t$	$3d_0$
	中间排	垂直内方向		$16d_0$ 或 $24t$	
		顺内力方向	构件受压力	$12d_0$ 或 $18t$	
			构件受拉力	$16d_0$ 或 $24t$	
	沿对角线方向			—	
中心至构件边缘距离	顺力方向				$2d_0$
	切割边或自动手工气割边			$4d_0$ 或 $8t$	
	轧制边、自动气割边或锯割边				$1.5d_0$

注:1. d_0 为高强度螺栓连接板的孔径,对槽孔为短向尺寸;t 为外层较薄板件的厚度;
　　2. 钢板边缘与刚性构件(如角钢、槽钢等)相连的高强度螺栓的最大间距,可按中间排的数值采用。

如表 2.3,不得在同一个连接摩擦面的盖板和芯板同时采用扩大孔(大圆孔、槽孔)。当盖板按大圆孔、槽孔制孔时,应增大垫圈厚度或采用孔径与标准垫圈相同的连接性垫板。垫圈或连续垫板厚度应符合下列规定:

(1)M24 及以下规格的高强度螺栓连接副,垫圈或连续垫板厚度不宜小于 8 mm。

(2)M24 以上规格的高强度螺栓连接副,垫圈或连续垫板厚度不宜小于 10 mm。

（3）冷弯薄壁型钢结构的垫圈或连续垫板厚度不宜小于连接板（芯板）厚度。

高强度螺栓孔径和边距的允许间距应按照表 2.4 采用。

设计布置螺栓时，应考虑工地专用施工工具的可操作空间要求。常用扳手可操作空间尺寸宜符合表 2.5 的要求。

表 2.5　施工扳手可操作空间尺寸

扳手种类		参考尺寸（mm）		示意图
		a	b	
手动定扭矩扳手		$1.5d_0$ 且不小于 45	$140 + c$	
扭剪型电动扳手		65	$530 + c$	
大六角头电动扳手	M24 及以下	50	$450 + c$	
	M24 以上	60	$500 + c$	

2.2.2　普通螺栓

普通螺栓一般为六角头螺栓，产品等级分为 A,B 和 C 级。其中，A,B 级为精制螺栓，C 级螺栓为粗制螺栓。C 级普通螺栓的性能等级有 4.6 级和 4.8 级两级；A,B 级普通螺栓的性能等级仅有 8.8 级一种。

2.3　焊接

焊缝连接是当前钢结构的主要连接方式。其优点有：焊接可适用于不同方位、角度和形状的钢材连接；不需要设置附加连接件，无须打孔，不削弱截面，从而节省钢材，制作方便；焊缝连接的刚度较大，密封性较好。其缺点有：焊接过程中产生的焊接残余应力和残余变形对结构有不利影响；焊接结构存在低温冷脆问题，并且对裂纹敏感，一旦发生局部裂纹，容易扩展至整体结构，故焊接结构的塑性和韧性较差，脆性较大，疲劳强度低；现场焊接的拼接定位和操作较麻烦。因此，构件间的现场安装尽可能采用高强度螺栓连接或用安装螺栓定位后再施焊比较适宜。

焊接按照焊接地点的不同，可分为工厂焊接和工地焊接。焊缝按照施焊位置，可分为平焊（俯焊）、立焊、横焊及仰焊。俯焊施焊方便，质量最易保证，应尽量采用。立焊和横焊的质量和生产效率比俯焊差一些。仰焊的操作条件最差，焊缝质量不易保证，应尽量避免采用。

2.3.1　常用焊接方法

钢结构的焊接方法主要有电弧焊、电阻焊和电渣焊。

1）电弧焊

电弧焊利用焊条或焊丝与焊接点间产生的电弧热将金属加热并熔化来实现连接。它主要包括手工电弧焊、自动（半自动）埋弧焊和 CO_2 气体保护焊。对 Q235 钢焊件，宜采用 E43xx 型焊条；对 Q345 钢焊件，宜采用 E50xx 型焊条；对 Q390 钢或 Q420 钢焊件，宜采用 E55xx 型焊条。自动或半自动埋弧焊应采用与焊件材料强度相适应的焊丝和焊剂。对 Q235 钢焊件，一般可采用 H08,H08A,H08E 焊丝配合中锰型、高锰型焊剂，或采用 H08Mn,H08MnA 焊丝配合无锰型、低锰型焊剂。对 Q345 钢、Q390 钢焊件，可采用 H08A,H08E 焊丝配合高锰型焊剂，或采用 H08Mn,H08MnA 焊丝配合中锰型或高锰型焊剂，或采用 H10Mn2 焊丝配合无锰型或低锰型焊剂。对直接承受动力荷载或振动荷载且需要验算疲劳的结构，宜采用低氢型焊条。

2）电阻焊

电阻焊（或称接触焊）是利用电流通过焊接接触点的电阻所产生的热量来熔化金属，再通过压力使其焊合。在钢结构中，它主要是指电阻电焊，主要适用冷弯薄壁型钢的焊接以及板叠不超过 12mm 的焊接。焊点主要承受剪力，其抗撕裂能力较差。

3）电渣焊

电渣焊是利用电流通过液态的熔渣产生的电阻热为热源的熔焊方法。它主要用于厚钢板在竖直或倾斜 30° 以内位置的对接焊缝连接，钢板间留一定的空隙而不开坡口。其焊接效率高，焊接质量好，焊接变形小，在高层钢结构建筑等重型厚壁截面的焊缝中多有应用，如箱形柱中隔板或加劲板的焊接等。

2.3.2　焊接的连接形式

按照构件连接间的相对位置，焊缝的连接形式可分为平接、搭接、T 形连接及角形连接 4 种。其基本形式如图 2.2 所示。

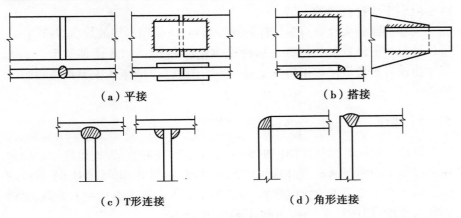

图 2.2　焊接的连接形式

2.3.3　焊缝种类

焊缝连接按照作用于焊缝本身的构造不同,主要有对接焊缝和角焊缝。

1)对接焊缝

对接焊缝传力直接,受力明确,构造简单,基本不产生应力集中。随着焊接板件的厚度增加,为了能焊透焊缝和节省焊缝金属,对接焊缝需要在焊件的边缘进行坡口加工,故称坡口焊缝。当钢板厚度不大于 10 mm 时,边缘不要加工,称为 I 形焊缝;当板厚小于 20 mm 时,常采用 V 形坡口;当板厚大于 20 mm 时,则常用于 U 形、X 形或 K 形坡口,如图 2.3 所示。当单面施焊时,为了保证焊透,在一侧施焊完毕后,焊缝的背面需要清根进行补焊(或称封底焊)。如果无条件进行清根封底焊,则需要在焊缝的根部设置临时焊接垫板,如图 2.4 所示的虚线。各种坡口的对接焊缝均需要图示的坡口角度、根部间隙和钝边,目的都是在施焊时既保证焊透又避免焊液烧漏。

对接焊缝按照是否焊透,可分为全熔透对接焊缝和半熔透对接焊缝;按照所受力的方向,可分为对接正焊缝和对接斜焊缝。

2)角焊缝

角焊缝的受力比较复杂,不如对接焊缝明确,其传力也没有对接焊缝直接。但是,由于角焊缝连接的板件端部不需要加工成坡口,对板件断料尺寸

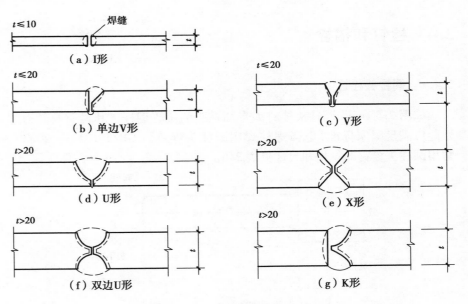

图 2.3　对接焊缝的坡口形式

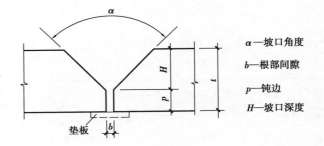

图 2.4　V 形焊缝坡口的各部分尺寸

α—坡口角度
b—根部间隙
p—钝边
H—坡口深度

的精度要求没有对接焊缝高,使用灵活,制作方便,因此应用更为广泛。角焊缝可用于搭接、T 形连接和角形连接。

角焊缝的焊缝轴线与板件受力方向一致时,称为侧面角焊缝;与板件受力方向垂直时,称为正面角焊缝。角焊缝两焊脚间的夹角为直角时,称为直角角焊缝;否则,称为斜角角焊缝。按照焊缝沿长度方向的分布情况,角焊缝又可分为连续角焊缝和断续角焊缝。

2.4　栓钉和锚栓

2.4.1　圆柱头栓钉

如图 2.5 所示,圆柱头栓钉为带圆柱头的实心钢杆。其材质及其力学性能应满足国家标准《电弧螺柱焊用圆柱头焊钉》(GB/T 10433—2002)。常用圆柱头栓钉的规格和尺寸见表 2.6。

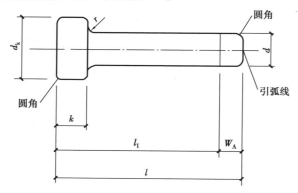

图 2.5　圆柱头栓钉的外形尺寸

表 2.6　圆柱头栓钉的规格及尺寸

栓钉公称直径	栓钉杆直径 d	大头直径 d_k	大头厚度(最小值)k	熔化长度(参考值)W_A	公称(熔后)长度 l_1
13	13	22	10	4	80,100,120
16	16	29	10	5	80,100,120
19	19	32	12	5	80,100,120,130,150,170
22	22	35	12	6	80, 100, 120, 130, 150, 170,200

圆柱头栓钉主要用于钢-混凝土组合结构中。它作为抗剪键广泛应用于高层钢结构的埋入式刚性柱脚、外包式刚性柱脚、劲性混凝土梁柱及组合

楼盖中。常用的栓钉直径为 $\phi16 \sim \phi22$,一般钢结构中选用 $\phi19$,栓钉的长度不应小于栓钉直径的 4 倍。

为保证圆柱头栓钉与钢构件的焊接质量,应采用专用的焊机焊接,并在所焊接母材上设置焊接磁杯。这种焊接瓷杯有 B1 和 B2 两种类型。前者用于将栓钉直接焊接与钢构件上;后者用于栓钉焊接穿透压型钢板后焊于钢梁上。

2.4.2　锚栓

锚栓一般作为钢柱柱脚与钢筋混凝土基础之间的锚固连接件。锚栓常用未经加工的圆钢制成,宜采用 Q345 和 Q390 钢制成,也可用 Q235 钢材制作。锚栓底部应设置锚板或弯钩,锚板厚度宜大于锚栓直径的 1.3 倍,锚栓的埋入长度(锚固长度)不应小于其直径的 25 倍。

铰接柱脚的锚栓作安装过程的固定及抗拔之用。其直径应根据计算确定,一般直径不小于 20 mm。安装时,应采用刚强的固定支架定位,三级及以上抗震等级时,锚栓截面面积不宜小于钢柱下端截面积的 20%。高层民用建筑结构的钢柱应采用刚性柱脚,刚性柱脚的锚栓在弯矩作用下承受拉力,同时也作安装过程的固定之用。其锚栓直径和数量由计算确定,锚栓直径一般多为 30 ~ 76 mm 使用。

2.5　其他

2.5.1　钢筋穿孔要求

钢结构节点设计时,尽量将钢骨混凝土梁和柱中的钢筋避开钢骨,无法避开时可采用钢筋穿孔,但应尽量避免在型钢的翼缘穿孔。当必须在柱内钢骨腹板上预留贯穿孔时,腹板截面损失率宜小于腹板面积的 25%,并且孔洞边距离钢骨边缘不宜小于 30 mm,如图 2.6 所示。当钢筋穿孔造成钢骨截面损失不能满足承载力要求时,可采取钢结构截面局部加厚的办法补强。补强板尺寸建议值如下:$t_r = (0.5 \sim 0.7)t_w$;$w \geq d/2$ 且 ≥ 20 mm;$s \geq d$,且 $\leq 12t_r$ 和 200 mm 的较小值;$t = h_f + (2 \sim 4)$ mm(h_f 为补强板焊脚尺寸)。

钢骨钢板上的孔洞应在工厂采用相应的机床或专用设备钻孔,严禁现场用氧气切割开孔。钢骨上穿孔应兼顾减少钢结构截面损失和便于施工的原则,常用钢筋穿孔的孔径见表2.7。

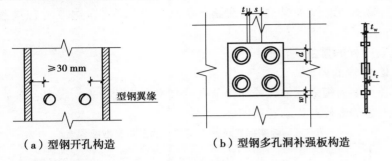

（a）型钢开孔构造　　　　（b）型钢多孔洞补强板构造

图 2.6　型钢开孔

表 2.7　常用钢筋穿孔的孔径（mm）

钢筋直径	10	12	14	16	18	20
穿孔孔径	15	18	20 ~ 22	20 ~ 24	22 ~ 26	25 ~ 28
钢筋直径	22	25	28	32	36	40
穿孔孔径	26 ~ 30	30 ~ 32	36	40	44	48

钢筋混凝土次梁与钢骨混凝土主梁连接时,次梁中的钢筋应穿过或绕过钢骨混凝土主梁中的钢骨。

2.5.2　钢筋连接套筒要求

钢筋混凝土梁中的部分纵筋可直接和焊接在柱内钢骨上的连接套筒连接,在套筒水平位置处,柱钢骨内应设置加劲肋。柱的水平加劲肋间距宜大于 100 mm,以便于焊接及混凝土浇灌,如图2.7所示。

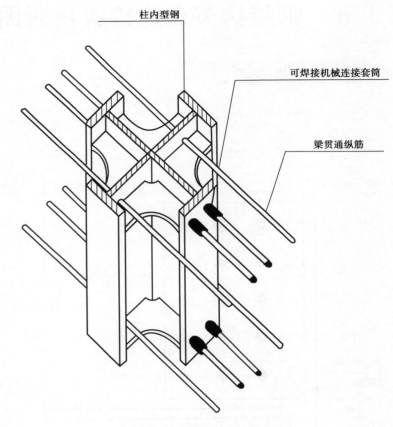

图 2.7　梁部分纵筋与套筒连接

钢筋与钢骨采用的套筒应为可焊接机械连接套筒,连接套筒的钢材不应低于 Q345B 的低合金高强度结构钢,其抗拉强度不应小于连接钢筋抗拉强度标准值的 1.1 倍,连接套筒与钢构件应采用等强焊接并在工厂完成。连接套筒水平方向的净间距不宜小于 30mm 和套筒外径。

第3章 钢结构节点连接实用通图

3.1 螺栓连接常用通图

如图3.1所示为螺栓连接示意通图。

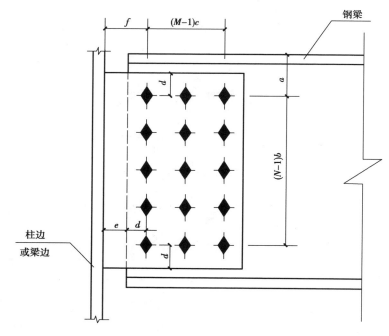

图3.1 螺栓连接示意通图

螺栓连接示意通图中各参数的意义如下：

a：第一排螺栓到梁顶的距离；

b：螺栓排与排之间的距离；

c：螺栓列与列之间的距离；

d：螺栓的边距（排边距或列边距）；

e：次梁到梁边或者柱边的距离；

f：第一列螺栓到梁边（梁腹板）或者柱边（柱翼缘边或者柱腹板）的距离；

N：螺栓的排数；

M：螺栓的列数。

表3.1为国家标准螺栓连接节点的基本参数配置表。表中各参数的意义见上述的螺栓连接示意通图。

表3.1 国家标准螺栓连接节点的基本参数配置表

螺栓直径	螺栓常用线距 a（mm）	螺栓排距 b（mm）	螺栓列距 c（mm）	螺栓边距 d（mm）	外列螺栓到梁腹板间距 f（mm）
M16	65	55	55	35	50
M20	80	80	80	45	60
M22	90	80	80	50	65
M24	100	80	80	55	70
M27	110	90	90	60	75
M30	120	100	100	65	80

表3.1中的数据满足表2.4中高强度螺栓孔距和边距的允许间距要求，同时在这个基础上，对常用的M20，M22，M24螺栓的排距和列距做了一定的归化统一，以方便钢结构制作和安装标准化。

表3.2为常用梁高度最大能允许的螺栓排数表。表中的数据是根据表3.1中螺栓连接节点的基本参数计算得来的。

表 3.2　常用梁高度最大能允许的螺栓排数表

梁最小高度 h （mm）	梁高范围内不同螺栓规格允许的最大螺栓排数 N					
	M16	M20	M22	M24	M27	M30
200	2	—	—	—	—	—
250	3	2	2	—	—	—
300	4	2	2	2	2	—
350	5	3	3	3	2	2
400	5	4	3	3	3	2
450	—	4	4	4	3	3
500	—	5	5	4	4	3
550	—	5	5	5	4	4
600	—	6	6	6	5	4
650	—	7	6	6	5	5
700	—	7	7	7	6	5
750	—	8	8	7	6	6
800	—	8	8	8	7	6
850	—	9	9	9	8	7
900	—	10	9	9	8	7
950	—	10	10	10	9	8
1 000	—	11	11	10	9	8

3.2　焊缝大样通图

详见附录 A 中图号 WD-01—WD-17。

3.3　常用加工切割尺寸通图

详见附录 A 中图号 CD-01—CD-02。

3.4　常用截面规矩详图

详见附录 A 中图号 GJ-01。

3.5　常用安装措施通图

3.5.1　柱吊耳和定位板

详见附录 A 中图号 DZ-01。

3.5.2　梁吊耳和定位板

详见附录 A 中图号 DZ-02—DZ-06。

第4章　钢结构常用节点构造图集

图集说明：

本图集包括 Tekla Structures 软件中常用的系统节点和结合实际工程二次开发的节点，主要分为梁柱节点、梁梁节点、支撑节点、柱脚节点及其他节点。图集中，焊缝类型为 ws1 的详见焊缝通图"焊缝大样通图（3）"（图号：WD-03）；焊缝类型为 ws2 的详见焊缝通图"焊缝大样通图（6）—（8）"（图号：WD-06—WD-08），焊缝类型为 ws3 的详见焊缝通图"焊缝大样通图（9）—（11）"（图号：WD-09—WD-11）。

4.1　梁柱节点

4.1.1　梁柱刚接节点

详见附录 B 中图号 BC-MC-01—BC-MC-10。

4.1.2　梁柱铰接节点

详见附录 B 中图号 BC-SC-01—BC-SC-16。

4.2　梁梁节点

4.2.1　梁梁铰接节点

详见附录 B 中图号 BB-SC-01—BB-SC-30。

4.2.2　梁梁刚接节点

详见附录 B 中图号 BB-MC-01—BB-MC-06。

4.3　支撑节点

4.3.1　H 型钢支撑节点

详见附录 B 中图号 ZC-SC-01 ~ ZC-SC-13。

4.3.2　双角钢支撑节点

详见附录 B 中图号 ZC-SC-14。

4.3.3　钢管支撑节点

详见附录 B 中图号 ZC-SC-15 ~ ZC-SC-21。

4.4　柱脚节点

4.4.1　刚接柱脚节点

详见附录 B 中图号 ZJ-MC-01 ~ ZJ-MC-15。

4.5　其他节点

详见附录 B 中图号 QT-01 ~ QT-07。

第5章 钢结构节点设计用表

本章的设计用表的一般条件如下：

（1）本章的设计用表中所列参数的表达内容可详见本书第3章图3.1。

（2）表中所列节点采用螺栓均为10.9级高强度摩擦型螺栓，螺栓的摩擦抗滑移系数为0.45。

（3）表中螺栓的行距、行边距、列距及列边距等参数详见本书第3章表3.1。

5.1 梁梁铰接节点设计表

5.1.1 梁梁铰接节点1（Tekla节点T141-1）：螺栓焊接形式

节点说明：

（1）本节点为工字形次梁与主梁的铰接连接节点。其节点构造如图5.1所示。图集中，①号构件为主梁，②号构件为次梁，③号为连接角钢。

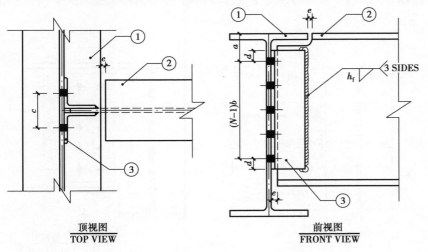

顶视图
TOP VIEW

前视图
FRONT VIEW

图5.1 节点连接示意图（一）

（2）本节点中主梁、次梁的钢材材质为Q345，连接角钢的材质为Q235。次梁梁端到主梁腹板的距离 $e = 15$ mm；

（3）节点连接采用双角钢的形式。角钢与主梁腹板采用螺栓连接、与次梁腹板采用三边角焊缝连接。

（4）本节点仅考虑连接角钢每肢上布置的螺栓列数为1列的情况。实际工程中，如果有需要角钢与主梁腹板采用2列螺栓的情况，由于角钢一般是在工厂就焊在次梁腹板上，次梁安装会因为角钢肢长太长很困难，因此，角钢与次梁腹板的焊缝需要在现场焊接。

（5）本节点的角钢与次梁腹板的三边角焊缝的焊脚尺寸高度 h_f 为0.7 t，t 为角钢焊接边的厚度。

（6）节点抗剪承载力是螺栓、连接角钢净截面、次梁腹板净截面抗剪承载力的较小值。节点设计时，为了节约成本，发挥螺栓的抗剪承载力，在选取连接角钢规格时，尽量使连接角钢的净截面抗剪承载力不小于螺栓的抗剪承载力。而腹板的净截面抗剪承载力是铰接节点的抗剪承载力的上限值，当螺栓的抗剪承载力达到腹板的净截面抗剪承载力时，为避免螺栓浪费，节点设计不宜再增加螺栓的数量。

Tekla节点T141-1：梁梁铰接螺栓焊接形式的节点设计用表详见本章附表1。

5.1.2 梁梁铰接节点2（Tekla节点T141-1）：全螺栓形式

节点说明：

（1）本节点为工字形次梁与主梁的铰接连接节点。其节点构造如图5.2所示。图集中，①号构件为主梁，②号构件为次梁，③号为连接角钢。

（2）本节点中主梁、次梁的钢材材质为Q345，连接角钢的材质为Q235。次梁梁端到主梁腹板的距离 $e = 15$ mm。

（3）节点连接采用双角钢的形式，角钢与主梁腹板和次梁腹板均为螺栓连接方式，并且假定与主次梁腹板连接的螺栓型号和数量是一样的。

（4）本节点仅考虑连接角钢每肢上布置的螺栓列数为1列。

Tekla节点T141-1：梁梁铰接全螺栓连接形式的节点设计用表详见本章附表2。

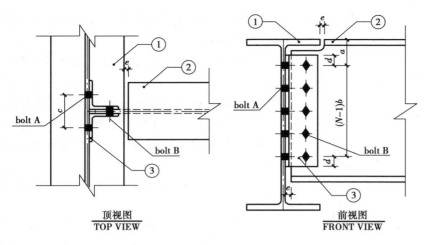

顶视图
TOP VIEW

前视图
FRONT VIEW

图 5.2　节点连接示意图(二)

5.1.3　梁梁铰接节点 3(Tekla 节点 T184):次梁腹板内伸

节点说明:

(1)本节点为工字形次梁与主梁的铰接连接节点。其节点构造如图 5.3 所示。图集中,①号构件为主梁,②号构件为次梁,③号为次梁连接板,⑥号为主梁加劲板。

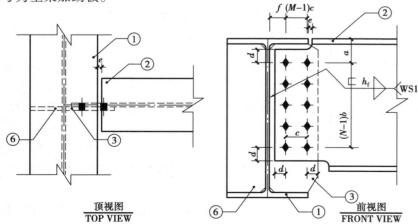

顶视图
TOP VIEW

前视图
FRONT VIEW

图 5.3　节点连接示意图(三)

(2)本节点中主梁、次梁和节点所有组成板件的钢材材质为 Q345。次梁梁端到主梁腹板的距离 $e = 15$ mm。

(3)节点连接采用次梁腹板伸入主梁上下翼缘之间与主梁连接板螺栓连接的形式。

(4)设计表中给出的节点抗剪承载力只列出了螺栓为 1 列和 2 列的情况。同时,因为节点抗剪承载力考虑偏心弯矩的因素,主梁宽度影响节点抗剪承载力的大小,设计表只考虑常见主梁宽度为 200 mm 和 300 mm 的情况。

(5)本节点③号次梁连接板的板厚取与次梁腹板同厚度;⑥号主梁加劲板的厚度同主梁腹板厚度。③号连接板与主梁腹板,翼缘采用三边角焊缝连接,焊脚尺寸高度 h_f 为 $0.7t$,t 为连接板厚度。

Tekla 节点 T184 梁梁铰接节点设计用表详见本章附表 3。

5.1.4　梁梁铰接节点 4(Tekla 节点 T185):主梁外伸连接板

节点说明:

(1)本节点为工字形次梁与主梁的铰接连接节点。其节点构造如图 5.4 所示。图集中,①号构件为主梁,②号构件为次梁,③号为次梁连接板,⑥号为主梁加劲板。

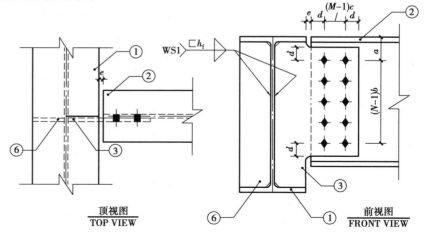

顶视图
TOP VIEW

前视图
FRONT VIEW

图 5.4　节点连接示意图(四)

（2）本节点中主梁、次梁和节点所有组成板件的钢材材质为 Q345。次梁梁端到主梁腹板的距离 $e = 15$ mm。

（3）节点连接采用主梁连接板外伸与次梁腹板螺栓连接的方式。

（4）设计表中给出的节点抗剪承载力只列出了螺栓为 1 列和 2 列的情况。同时，因为节点抗剪承载力考虑偏心弯矩的因素，主梁宽度影响节点抗剪承载力的大小，设计表只考虑常见主梁宽度为 200 mm 和 300 mm 的情况。

（5）本节点⑥号主梁加劲板的厚度同主梁腹板厚度。③号连接板与主梁腹板翼缘采用三边角焊缝连接，焊脚尺寸高度 h_f 为 $0.7t$，t 为连接板厚度。

Tekla 节点 T185 梁梁铰接节点设计用表详见本章附表 4。

5.1.5　梁梁铰接节点 5（Tekla 节点 T17）：双夹板连接

节点说明：

（1）本节点为工字形次梁与主梁的铰接连接节点。其节点构造如图 5.5 所示。图集中，①号构件为主梁，②号构件为次梁，③号为双夹板，⑥号为主梁加劲板。

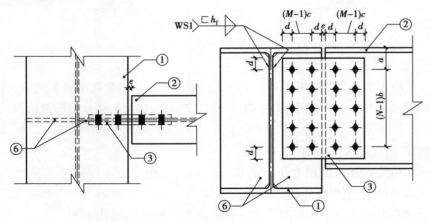

图 5.5　节点连接示意图（五）

（2）本节点中主梁、次梁和节点所有组成板件的钢材材质为 Q345。次梁梁端到主梁翼缘边的距离 $e = 15$ mm。

（3）节点连接采用双夹板螺栓连接的方式。

（4）设计表中给出的节点抗剪承载力只列出了螺栓为 1 列和 2 列的情况。同时，因为节点抗剪承载力考虑偏心弯矩的因素，主梁宽度影响节点抗剪承载力的大小，设计表只考虑常见主梁宽度为 200 mm 和 300 mm 的情况。

（5）本节点⑥号主梁加劲板的厚度同次梁腹板厚度。⑥号连接板与主梁腹板，翼缘采用三边角焊缝连接，焊脚尺寸高度 h_f 为 $0.7t$，t 为连接板厚度；

Tekla 节点 T17 梁梁铰接节点设计用表详见本章附表 5。

5.2　梁柱铰接节点设计表

5.2.1　梁柱强轴铰接节点 1（Tekla 节点 T141-2）：螺栓焊接形式

节点说明：

（1）本节点为工字形梁与工字形截面柱的强轴铰接连接节点。其节点构造如图 5.6 所示。图集中，①号构件为柱，②号构件为梁，③号为连接角钢。

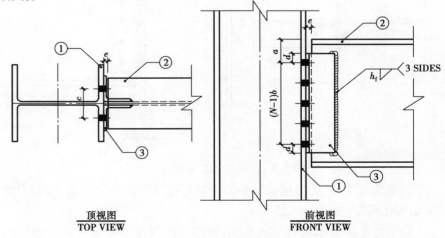

顶视图
TOP VIEW　　　　**前视图**
FRONT VIEW

图 5.6　节点连接示意图（六）

15

（2）本节点中柱、梁的钢材材质为 Q345，连接角钢的材质为 Q235。次梁梁端到柱翼缘的距离 $e = 15$ mm。

（3）节点连接采用双角钢的形式。角钢与柱翼缘采用螺栓连接，与梁腹板采用三边角焊缝连接。

（4）本节点仅考虑连接角钢每肢上布置的螺栓列数为 1 列。

（5）本节点的角钢与梁腹板的三边角焊缝的焊脚尺寸高度 h_f 为 $0.7t$，t 为角钢焊接边的厚度。

Tekla 节点 T141-2：梁柱强轴铰接（螺栓焊接形式）节点设计用表详见本章附表6。

5.2.2 梁柱强轴铰接节点 2（Tekla 节点 T141-2）：全螺栓形式

节点说明：

（1）本节点为工字形梁与工字形截面柱的强轴铰接连接节点。其节点构造如图5.7所示。图集中，①号构件为柱，②号构件为梁，③号为连接角钢。

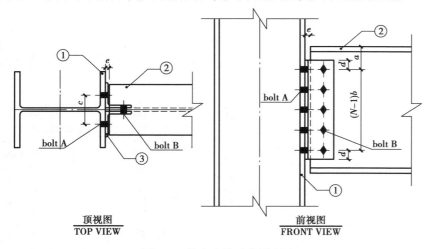

顶视图 TOP VIEW　　前视图 FRONT VIEW

图 5.7　节点连接示意图（七）

（2）本节点中柱、梁的钢材材质为 Q345，连接角钢的材质为 Q235。次梁梁端到柱翼缘的距离 $e = 15$ mm。

（3）节点连接采用双角钢的形式，角钢与柱翼缘和梁腹板均为螺栓连接方式，并且假定与柱翼缘、梁腹板连接的螺栓型号和数量是一样的。

（4）本节点仅考虑连接角钢每肢上布置的螺栓列数为 1 列。

Tekla 节点 T141-2：梁柱强轴铰接（全螺栓形式）节点设计用表详见本章附表7。

5.2.3 梁柱弱轴铰接节点 3（Tekla 节点 T141-2）：螺栓焊接形式

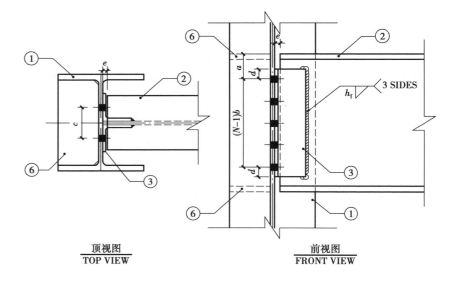

顶视图 TOP VIEW　　前视图 FRONT VIEW

图 5.8　节点连接示意图（八）

节点说明：

（1）本节点为工字形梁与工字形截面柱的弱轴铰接连接节点。其节点构造如图5.8所示。图集中，①号构件为柱，②号构件为梁，③号为连接角钢。

（2）本节点中柱、梁的钢材材质为 Q345，连接角钢的材质为 Q235。次梁梁端到柱腹板的距离 $e = 15$ mm。

（3）节点连接采用双角钢的形式。角钢与柱腹板采用螺栓连接，与梁腹板采用三边角焊缝连接。

（4）本节点仅考虑连接角钢每肢上布置的螺栓列数为 1 列。

（5）本节点的角钢与梁腹板的三边角焊缝的焊脚尺寸 h_f 高度为 $0.7t$，t 为角钢焊接边的厚度。

Tekla 节点 T141-2：梁柱弱轴铰接（螺栓焊接形式）节点设计用表详见

本章附表 8。

5.2.4　梁柱强轴铰接节点 4(Tekla 节点 T186-1):单剪板形式

节点说明:

(1)本节点为工字形梁与工字形截面柱的强轴铰接连接节点。节点构造如图 5.9 所示。图集中,①号构件为柱,②号构件为梁,③号为单剪板,④号为柱加劲板,板厚同梁翼缘厚。

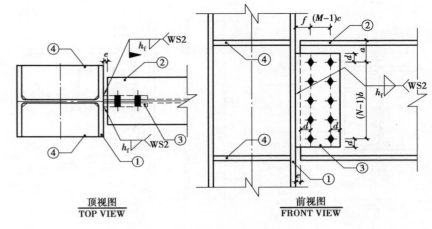

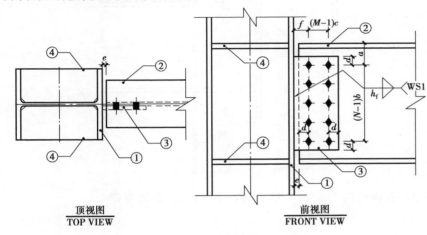

图 5.9　节点连接示意图(九)

(2)本节点中柱、梁和节点所有组成板件的钢材材质为 Q345。次梁梁端到柱翼缘的距离 $e = 15$ mm。

(3)节点连接采用单剪板的形式,③号连接板与柱翼缘采用双面角焊缝连接,焊脚尺寸高度 h_f 为 $0.7t$,t 为连接板厚度。

(4)本节点仅考虑连接螺栓的列数为 1 列和 2 列的情况。

Tekla 节点 T186-1:梁柱强轴铰接(单剪板形式)节点设计用表详见本章附表 9。

5.2.5　梁柱强轴铰接节点 5(Tekla 节点 T186-1):双剪板形式

节点说明:

(1)本节点为工字形梁与工字形截面柱的强轴铰接连接节点。其节点

图 5.10　节点连接示意图(十)

构造如图 5.10 所示。图集中,①号构件为柱,②号构件为梁,③号为双剪板,④号为柱加劲板,板厚同梁翼缘厚。

(2)本节点中柱、梁和节点所有组成板件的钢材材质为 Q345。次梁梁端到柱翼缘的距离 $e = 15$ mm。

(3)节点连接采用双剪板的形式。其中一侧单剪板与柱翼缘采用工厂焊缝连接,另外一侧单剪板需要在现场梁安装就位后,采用现场焊缝与柱翼缘进行焊接连接。单面角焊缝焊脚尺寸高度 h_f 为 $0.7t$,t 为连接板厚度。

(4)本节点仅考虑连接螺栓的列数为 1 列和 2 列的情况。

Tekla 节点 T186-1:梁柱强轴铰接(双剪板形式)节点设计用表详见本章附表 10。

5.2.6　梁柱弱轴铰接节点 6(Tekla 节点 T186-2):单剪板形式

节点说明:

(1)本节点为工字形梁与工字形截面柱的弱轴铰接连接节点。其节点构造如图 5.11 所示。图集中,①号构件为柱,②号构件为梁,③号为单剪板,④号为柱加劲板,板厚同梁翼缘厚。

(2)本节点中柱、梁和节点所有组成板件的钢材材质为 Q345。次梁梁端到柱翼缘侧边的距离 $e = 15$ mm。

(3)节点连接采用单剪板的形式,③号连接板与柱加劲板、腹板采用双

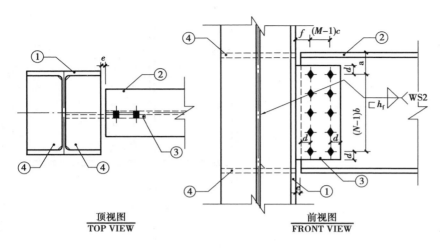

图 5.11 节点连接示意图（十一）

面角焊缝连接，焊脚尺寸高度 h_f 为 $0.7t$，t 为连接板厚度。

（4）本节点仅考虑连接螺栓的列数为 1 列和 2 列的情况。

Tekla 节点 T186-2：梁柱弱轴铰接（单剪板形式）节点设计用表详见本章附表 11。

5.3 支撑节点设计表

5.3.1 支撑连接节点 1（Tekla 节点 T57）：双角钢截面支撑

节点说明：

（1）本节点为双角钢截面支撑的连接节点。其节点构造如图 5.12 所示。图集中，①、③号构件为柱、梁构件，②号构件为支撑，④号为支撑连接板。

（2）本节点中柱、梁、支撑和节点所有组成板件的钢材材质为 Q345。

（3）节点连接支撑连接板＋螺栓的方式，④号连接板与梁、柱翼缘采用双面角焊缝连接。焊脚尺寸高度 h_f 为 $0.7t$，t 为连接板厚度。

（4）本节点仅考虑角钢每肢上布置的螺栓列数为 1 列。

Tekla 节点 T57：支撑连接（双角钢截面）节点设计用表详见本章附表 12。

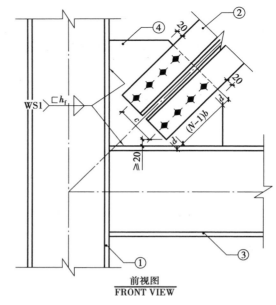

图 5.12 节点连接示意图（十二）

5.3.2 支撑连接节点 2（Tekla 节点 T22）：钢管截面支撑

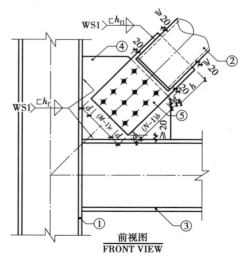

图 5.13 节点连接示意图（十三）

节点说明：

（1）本节点为圆钢管截面支撑的连接节点。其节点构造如图 5.13 所示。图集中，①、③号构件为柱、梁构件，②号构件为支撑，④号为支撑连接板，⑤号为支撑连接板。

（2）本节点中柱、梁、支撑和节点所有组成板件的钢材材质为 Q345。支撑端部和连接板端部之间的距离 $e = 15$ mm。

（3）节点连接支撑连接板 + 螺栓的方式，④号连接板与梁、柱翼缘采用双面角焊缝连接。焊脚尺寸高度 h_f 为 $0.7t$，t 为连接板厚度。

Tekla 节点 T22：支撑连接（钢管截面）节点设计用表详见本章附表 13。

5.3.3　支撑连接节点 3（Tekla 节点 T11）：H 型钢截面支撑

节点说明：

（1）本节点为 H 型钢截面支撑的连接节点。其节点构造如图 5.14 所示。图集中，①、③号构件为柱、梁构件，②号构件为支撑，④号为支撑连接板，⑤号为螺栓双夹板。④号为连接板板厚同支撑截面腹板厚。

（2）本节点中柱、梁、支撑和节点所有组成板件的钢材材质为 Q345。支

撑端部和连接板端部之间的距离 $e = 15$ mm。

（3）节点连接支撑连接板 + 螺栓的方式，④号连接板与梁、柱翼缘采用双面角焊缝连接。焊脚尺寸高度 h_f 为 $0.7t$，t 为连接板厚度。

Tekla 节点 T11：支撑连接（H 型钢截面）节点设计用表详见本章附表 14。

5.4　构件拼接节点设计表

5.4.1　构件拼接节点（Tekla 节点 T77）：H 型钢截面构件

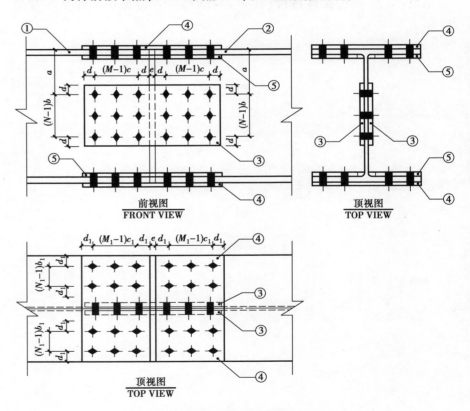

图 5.15　节点连接示意图（十五）

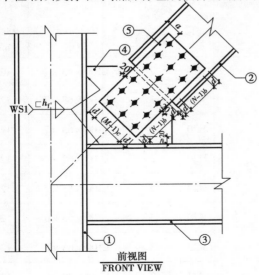

图 5.14　节点连接示意图（十四）

19

节点说明：

（1）本节点为工字形截面构件拼接连接节点。其节点构造如图 5.15 所示。图集中，①、②号构件为拼接构件，③号为腹板螺栓双夹板，④号为翼缘外侧螺栓连接板，⑤号为翼缘内侧螺栓连接板。

（2）本节点中构件和节点所有组成板件的钢材材质为 Q345。构件端部之间的距离 $e = 15$ mm。

（3）构件拼接翼缘和腹板采用全螺栓的形式。节点设计表中给出的螺栓配置参数是考虑等强连接计算得出，因此，本表不给出节点设计承载力值。

Tekla 节点 T77：构件拼接（H 型钢截面）节点设计用表详见本章附表 15。

本章附表

附表 1　Tekla 节点 T141-1（螺栓焊接连接）节点设计表

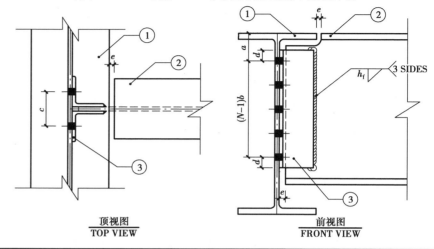

顶视图
TOP VIEW

前视图
FRONT VIEW

② 次梁截面规格	螺栓型号	螺栓行数 N	③ 连接角钢规格	螺栓列距 c（mm）	节点抗剪承载力（kN）
HN200 × 100 × 5.5 × 8	M16	2	L100 × 63 × 7	120	80
HN250 × 125 × 6 × 9	M16	3	L100 × 63 × 7	120	104
	M20	2	L100 × 63 × 7	120	98
HN300 × 150 × 6.5 × 9	M20	2	L100 × 63 × 7	120	167
	M22	2	L100 × 63 × 7	120	167
HN350 × 175 × 7 × 11	M20	3	L100 × 63 × 8	120	222
	M22	3	L100 × 63 × 8	120	222
	M24	3	L110 × 70 × 8	130	222

② 次梁截面规格	螺栓 型号	螺栓 行数 N	③ 连接角钢 规格	螺栓 列距 c （mm）	节点抗剪 承载力（kN）
HN400 × 200 × 8 × 13	M20	4	L100 × 63 × 10	120	312
	M22	3	L100 × 63 × 10	120	312
	M24	3	L110 × 70 × 10	130	312
HN450 × 200 × 9 × 14	M20	4	L100 × 63 × 10	120	395
	M22	4	L100 × 63 × 10	120	395
	M24	4	L110 × 70 × 10	130	395
HN500 × 200 × 10 × 16	M20	5	L100 × 63 × 10	120	511
	M22	5	L100 × 63 × 10	120	511
	M24	4	L110 × 70 × 10	130	499
HN550 × 200 × 10 × 16	M20	5	L100 × 63 × 10	120	572
	M22	5	L100 × 63 × 10	120	572
	M24	5	L110 × 70 × 10	130	572
HN600 × 200 × 11 × 17	M20	6	L100 × 12	125	699
	M22	6	L100 × 12	125	699
	M24	6	L110 × 12	135	699
HN * 650 × 300 × 11 × 17	M20	7	L100 × 12	125	760
	M22	6	L100 × 12	125	760
	M24	6	L110 × 12	135	760

② 次梁截面规格	螺栓 型号	螺栓 行数 N	③ 连接角钢 规格	螺栓 列距 c （mm）	节点抗剪 承载力（kN）
HN700 × 300 × 13 × 24	M20	7	L100 × 12	125	968
	M22	7	L100 × 12	125	968
	M24	7	L110 × 12	135	968
HN * 750 × 300 × 13 × 24	M20	8	L100 × 12	125	1 049
	M22	8	L100 × 12	125	1 049
	M24	7	L110 × 12	135	1 049
HN800 × 300 × 14 × 26	M20	8	L100 × 14	125	1 207
	M22	8	L100 × 14	125	1 207
	M24	8	L110 × 14	135	1 207
HN * 850 × 300 × 16 × 27	M20	9	L100 × 14	130	1 480
	M22	9	L100 × 14	130	1 480
	M24	8	L110 × 14	140	1 480
HN900 × 300 × 16 × 28	M20	10	L100 × 14	130	1 580
	M22	9	L100 × 14	130	1 580
	M24	9	L110 × 14	140	1 580
HN * 1000 × 300 × 19 × 36	M20	11	L100 × 14	130	2 029
	M22	11	L100 × 14	130	2 029
	M24	10	L110 × 14	140	2 021

附表2 Tekla 节点 T141-1(全螺栓连接)节点设计表

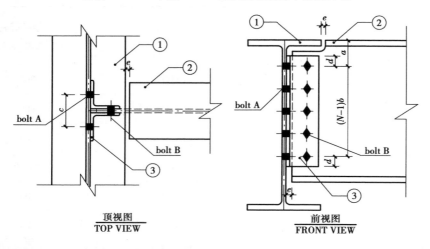

顶视图
TOP VIEW

前视图
FRONT VIEW

② 次梁截面规格	螺栓 型号	螺栓 行数 N	③ 连接角钢 规格	螺栓 列距 c (mm)	节点抗剪 承载力(kN)
HN200×100×5.5×8	M16	2	L100×7	120	94
HN250×125×6×9	M16	3	L100×7	120	158
	M20	2	L100×7	120	116
HN300×150×6.5×9	M20	2	L100×7	120	152
	M22	2	L100×7	120	172
HN350×175×7×11	M20	3	L100×8	120	230
	M22	3	L100×8	120	223
	M24	3	L110×8	130	219
HN400×200×8×13	M20	4	L100×10	120	380
	M22	3	L100×10	120	308
	M24	3	L110×10	130	300

② 次梁截面规格	螺栓 型号	螺栓 行数 N	③ 连接角钢 规格	螺栓 列距 c (mm)	节点抗剪 承载力(kN)
HN450×200×9×14	M20	4	L100×10	120	380
	M22	4	L100×10	120	370
	M24	4	L110×10	130	361
HN500×200×10×16	M20	5	L100×10	120	467
	M22	5	L100×10	120	454
	M24	4	L110×10	130	441
HN550×200×10×16	M20	5	L100×10	120	492
	M22	5	L100×10	120	479
	M24	5	L110×10	130	465
HN600×200×11×17	M20	6	L100×12	125	592
	M22	6	L100×12	125	575
	M24	6	L110×12	135	558
HN＊650×300×11×17	M20	7	L100×12	125	671
	M22	6	L100×12	125	575
	M24	6	L110×12	135	558
HN700×300×13×24	M20	7	L100×12	125	806
	M22	7	L100×12	125	782
	M24	7	L110×12	135	758

② 次梁截面规格	螺栓 型号	螺栓 行数 N	③ 连接角钢 规格	螺栓 列距 c (mm)	节点抗剪 承载力(kN)
HN * 750 × 300 × 13 × 24	M20	8	L100 × 12	125	875
	M22	8	L100 × 12	125	848
	M24	7	L110 × 12	135	734
HN800 × 300 × 14 × 26	M20	8	L100 × 14	125	939
	M22	8	L100 × 14	125	910
	M24	8	L110 × 14	135	881
HN * 850 × 300 × 16 × 27	M20	9	L100 × 14	130	1 187
	M22	9	L100 × 14	130	1 150
	M24	9	L110 × 14	140	1 112
HN900 × 300 × 16 × 28	M20	10	L100 × 14	130	1 300
	M22	9	L100 × 14	130	1 150
	M24	9	L110 × 14	140	1 110
HN * 1000 × 300 × 19 × 36	M20	11	L100 × 14	130	1 584
	M22	11	L100 × 14	130	1 533
	M24	10	L110 × 14	140	1 361

附表 3　Tekla 节点 T184(次梁腹板内伸)节点设计表

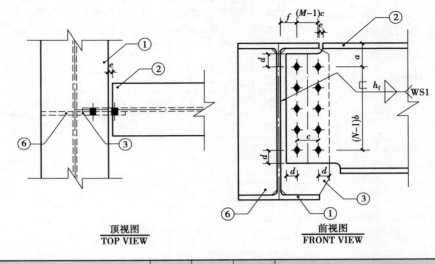

顶视图
TOP VIEW

前视图
FRONT VIEW

② 次梁截面规格尺寸	螺栓 规格	螺栓 行数 N	螺栓 列数 M	节点抗剪承载力(kN)	
				主梁宽 200	主梁宽 300
HN200 × 100 × 5.5 × 8	M16	2	1	40	38
HN250 × 125 × 6 × 9	M16	3	1	73	70
	M20	2	1	75	72
HN300 × 150 × 6.5 × 9	M20	2	1	67	64
	M22	2	1	77	75
HN350 × 175 × 7 × 11	M20	3	1	121	117
	M22	3	1	135	132
	M24	3	1	160	156
HN400 × 200 × 8 × 13	M20	4	1	168	164
	M22	3	1	141	138
	M24	3	1	159	156

② 次梁截面规格尺寸	螺栓 规格	螺栓 行数 N	螺栓 列数 M	节点抗剪承载力（kN）	
				主梁宽200	主梁宽300
HN450×200×9×14	M20	4	1	167	164
	M22	4	1	205	202
	M24	4	1	243	239
HN500×200×10×16	M20	5	1	228	226
	M22	5	1	280	278
	M24	4	1	242	239
HN550×200×10×16	M20	5	1	243	278
	M22	5	1	289	286
	M24	5	1	332	329
HN600×200×11×17	M20	6	1	292	291
	M22	6	1	358	357
	M24	6	1	425	422
HN＊650×300×11×17	M20	6	1	—	308
	M22	6	1	—	368
	M24	6	1	—	425
HN700×300×13×24	M20	7	1	—	372
	M22	7	1	—	447
	M24	7	1	—	518
HN＊750×300×13×24	M20	7	1	—	372
	M22	7	1	—	447
	M24	7	1	—	518

② 次梁截面规格尺寸	螺栓 规格	螺栓 行数 N	螺栓 列数 M	节点抗剪承载力（kN）	
				主梁宽200	主梁宽300
HN800×300×14×26	M20	8	1	—	438
	M22	8	1	—	527
	M24	8	1	—	613
HN＊850×300×16×27	M20	9	1	—	487
	M22	9	1	—	597
	M24	9	1	—	707
HN900×300×16×28	M20	9	1	—	503
	M22	9	1	—	607
	M24	9	1	—	707
HN＊1000×300×19×36	M20	11	1	—	633
	M22	10	1	—	686
	M24	10	11	—	801

附表 4　Tekla 节点 T185(主梁外伸连接板)节点设计表

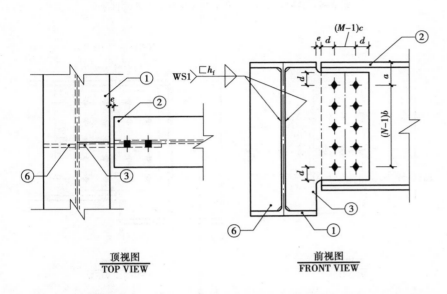

顶视图
TOP VIEW

前视图
FRONT VIEW

② 次梁截面规格尺寸	螺栓 规格	螺栓 行数 N	螺栓 列数 M	③ 板厚(mm)	节点抗剪承载力(kN)	
					主梁宽 200	主梁宽 300
HN200×100×5.5×8	M16	2	1	8	21	11
HN250×125×6×9	M16	3	1	10	37	21
	M20	2	1	10	37	23
HN300×150×6.5×9	M20	2	1	12	35	23
	M22	2	1	12	45	28
HN350×175×7×11	M20	3	1	12	64	46
	M22	3	1	12	76	55
	M24	3	1	12	87	64

② 次梁截面规格尺寸	螺栓 规格	螺栓 行数 N	螺栓 列数 M	③ 板厚(mm)	节点抗剪承载力(kN)	
					主梁宽 200	主梁宽 300
HN400×200×8×13	M20	4	1	12	96	75
	M22	3	1	12	75	55
	M24	3	1	12	81	64
HN450×200×9×14	M20	4	1	12	96	75
	M22	4	1	12	115	91
	M24	4	1	12	133	105
HN500×200×10×16	M20	5	1	14	140	107
	M22	5	1	14	172	131
	M24	5	1	14	203	155
HN550×200×10×16	M20	5	1	14	140	111
	M22	5	1	14	167	134
	M24	5	1	14	194	155
HN600×200×11×17	M20	6	1	14	189	152
	M22	6	1	14	227	183
	M24	6	1	14	263	213
HN*650×300×11×17	M20	7	1	14	—	199
	M22	6	1	14	—	183
	M24	6	1	14	—	199
HN700×300×13×24	M20	7	1	16	—	199
	M22	7	1	16	—	239
	M24	7	1	16	—	278

附表5 Tekla 节点 T17(双夹板连接)节点设计表

② 次梁截面规格尺寸	螺栓 规格	螺栓 行数 N	螺栓 列数 M	③ 板厚(mm)	节点抗剪承载力(kN)	
					主梁宽 200	主梁宽 300
HN * 750 × 300 × 13 × 24	M20	8	1	16	—	249
	M22	8	1	16	—	300
	M24	7	1	16	—	278
HN800 × 300 × 14 × 26	M20	8	1	16	—	249
	M22	8	1	16	—	300
	M24	8	1	16	—	349
HN * 850 × 300 × 16 × 27	M20	9	1	18	—	302
	M22	9	1	18	—	365
	M24	9	1	18	—	425
HN900 × 300 × 16 × 28	M20	10	1	18	—	359
	M22	9	1	18	—	365
	M24	9	1	18	—	425
HN * 1000 × 300 × 19 × 36	M20	11	1	20	—	418
	M22	11	1	20	—	505
	M24	10	1	20	—	505

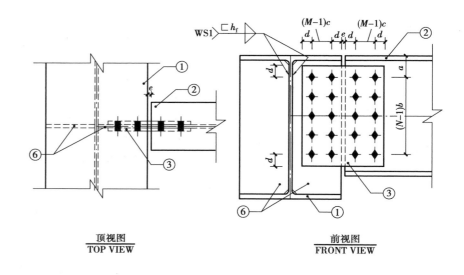

顶视图
TOP VIEW

前视图
FRONT VIEW

② 次梁截面规格尺寸	螺栓 规格	螺栓 行数 N	螺栓 列数 M	③ 板厚(mm)	节点抗剪承载力(kN)	
					主梁宽 200	主梁宽 300
HN200 × 100 × 5.5 × 8	M16	2	1	6	162	85
HN250 × 125 × 6 × 9	M16	3	1	8	162	92
	M20	2	1	8	251	156
HN300 × 150 × 6.5 × 9	M20	2	1	8	251	165
	M22	2	1	8	307	191
HN350 × 175 × 7 × 11	M20	3	1	8	376	270
	M22	3	1	8	461	334
	M24	3	1	8	546	402

② 次梁截面规格尺寸	螺栓规格	螺栓行数 N	螺栓列数 M	③ 板厚（mm）	节点抗剪承载力（kN）	
					主梁宽 200	主梁宽 300
HN400 × 200 × 8 × 13	M20	4	1	8	502	392
	M22	3	1	8	461	338
	M24	3	1	8	546	431
HN450 × 200 × 9 × 14	M20	4	1	8	502	392
	M22	4	1	8	615	487
	M24	4	1	8	729	576
HN500 × 200 × 10 × 16	M20	5	1	8	627	479
	M22	5	1	8	769	586
	M24	4	1	8	708	541
HN550 × 200 × 10 × 16	M20	5	1	10	627	497
	M22	5	1	10	769	617
	M24	5	1	10	911	728
HN600 × 200 × 11 × 17	M20	6	1	10	753	606
	M22	6	1	10	923	744
	M24	6	1	10	1 093	885
HN * 650 × 300 × 11 × 17	M20	7	1	10	—	878
	M22	6	1	10	—	923
	M24	6	1	10	—	1 093
HN700 × 300 × 13 × 24	M20	7	1	10	—	878
	M22	7	1	10	—	1 077
	M24	7	1	10	—	1 275

② 次梁截面规格尺寸	螺栓规格	螺栓行数 N	螺栓列数 M	③ 板厚（mm）	节点抗剪承载力（kN）	
					主梁宽 200	主梁宽 300
HN * 750 × 300 × 13 × 24	M20	8	1	10	—	1 004
	M22	8	1	10	—	1 231
	M24	7	1	10	—	1 275
HN800 × 300 × 14 × 26	M20	8	1	10	—	1 004
	M22	8	1	10	—	1 231
	M24	8	1	10	—	1 275
HN * 850 × 300 × 16 × 27	M20	9	1	10	—	1 129
	M22	9	1	10	—	1 385
	M24	9	1	10	—	1 458
HN900 × 300 × 16 × 28	M20	10	1	10	—	1 255
	M22	9	1	10	—	1 385
	M24	9	1	10	—	1 640
HN * 1000 × 300 × 19 × 36	M20	11	1	12	—	1 381
	M22	11	1	12	—	1 692
	M24	10	1	12	—	1 822

附表6　Tekla 节点 T141-2(强轴螺栓焊接)节点设计表

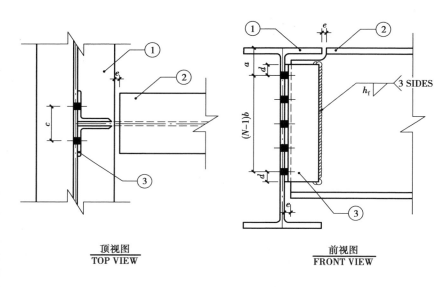

顶视图
TOP VIEW

前视图
FRONT VIEW

② 梁截面规格	螺栓 型号	螺栓 行数 N	③ 连接角钢 规格	螺栓 列距 c （mm）	节点抗剪 承载力(kN)
HN200×100×5.5×8	M16	2	L100×63×7	120	80
HN250×125×6×9	M16	3	L100×63×7	120	104
	M20	2	L100×63×7	120	98
HN300×150×6.5×9	M20	2	L100×63×7	120	167
	M22	2	L100×63×7	120	167
HN350×175×7×11	M20	3	L100×63×8	120	222
	M22	3	L100×63×8	120	222
	M24	3	L110×70×8	130	222

② 梁截面规格	螺栓 型号	螺栓 行数 N	③ 连接角钢 规格	螺栓 列距 c （mm）	节点抗剪 承载力(kN)
HN400×200×8×13	M20	4	L100×63×10	120	312
	M22	3	L100×63×10	120	312
	M24	3	L110×70×10	130	312
HN450×200×9×14	M20	4	L100×63×10	120	395
	M22	4	L100×63×10	120	395
	M24	4	L110×70×10	130	395
HN500×200×10×16	M20	5	L100×63×10	120	511
	M22	5	L100×63×10	120	511
	M24	4	L110×70×10	130	499
HN550×200×10×16	M20	5	L100×63×10	120	572
	M22	5	L100×63×10	120	572
	M24	5	L110×70×10	130	572
HN600×200×11×17	M20	6	L100×12	125	699
	M22	6	L100×12	125	699
	M24	6	L110×12	135	699
HN * 650×300×11×17	M20	7	L100×12	125	760
	M22	6	L100×12	125	760
	M24	6	L110×12	135	760
HN700×300×13×24	M20	7	L100×12	125	968
	M22	7	L100×12	125	968
	M24	7	L110×12	135	968

附表 7　Tekla 节点 T141-2（强轴全螺栓）节

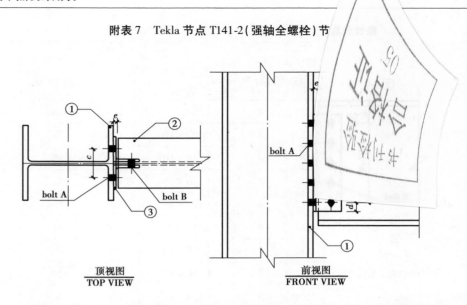

顶视图
TOP VIEW

前视图
FRONT VIEW

② 梁截面规格	螺栓型号	螺栓行数 N	③ 连接角钢规格	螺栓列距 c（mm）	节点抗剪承载力（kN）
HN * 750 × 300 × 13 × 24	M20	8	L100 × 12	125	1 049
	M22	8	L100 × 12	125	1 049
	M24	7	L110 × 12	135	1 049
HN800 × 300 × 14 × 26	M20	8	L100 × 14	125	1 207
	M22	8	L100 × 14	125	1 207
	M24	8	L110 × 14	135	1 207
HN * 850 × 300 × 16 × 27	M20	9	L100 × 14	130	1 480
	M22	9	L100 × 14	130	1 480
	M24	9	L110 × 14	140	1 480
HN900 × 300 × 16 × 28	M20	10	L100 × 14	130	1 580
	M22	9	L100 × 14	130	1 580
	M24	9	L110 × 14	140	1 580
HN * 1000 × 300 × 19 × 36	M20	11	L100 × 14	130	2 029
	M22	11	L100 × 14	130	2 029
	M24	10	L110 × 14	140	2 021

② 次梁截面规格	螺栓型号	螺栓行数 N	③ 连接角钢规格	螺栓列距 c（mm）	节点抗剪承载力（kN）
HN200 × 100 × 5.5 × 8	M16	2	L100 × 7	120	94
HN250 × 125 × 6 × 9	M16	3	L100 × 7	120	158
	M20	2	L100 × 7	120	116
HN300 × 150 × 6.5 × 9	M20	2	L100 × 7	120	152
	M22	2	L100 × 7	120	172
HN350 × 175 × 7 × 11	M20	3	L100 × 8	120	230
	M22	3	L100 × 8	120	223
	M24	3	L110 × 8	130	219
HN400 × 200 × 8 × 13	M20	4	L100 × 10	120	380
	M22	3	L100 × 10	120	308
	M24	3	L110 × 10	130	300

② 次梁截面规格	螺栓型号	螺栓行数 N	③ 连接角钢规格	螺栓列距 c（mm）	节点抗剪承载力（kN）
HN450×200×9×14	M20	4	L100×10	120	380
	M22	4	L100×10	120	370
	M24	4	L110×10	130	361
HN500×200×10×16	M20	5	L100×10	120	467
	M22	5	L100×10	120	454
	M24	4	L110×10	130	441
HN550×200×10×16	M20	5	L100×10	120	492
	M22	5	L100×10	120	479
	M24	5	L110×10	130	465
HN600×200×11×17	M20	6	L100×12	125	592
	M22	6	L100×12	125	575
	M24	6	L110×12	135	558
HN*650×300×11×17	M20	7	L100×12	125	671
	M22	6	L100×12	125	575
	M24	6	L110×12	135	558
HN700×300×13×24	M20	7	L100×12	125	806
	M22	7	L100×12	125	782
	M24	7	L110×12	135	758
HN*750×300×13×24	M20	8	L100×12	125	875
	M22	8	L100×12	125	848
	M24	7	L110×12	135	734

② 次梁截面规格	螺栓型号	螺栓行数 N	③ 连接角钢规格	螺栓列距 c（mm）	节点抗剪承载力（kN）
HN800×300×14×26	M20	8	L100×14	125	939
	M22	8	L100×14	125	910
	M24	8	L110×14	135	881
HN*850×300×16×27	M20	9	L100×14	130	1 187
	M22	9	L100×14	130	1 150
	M24	9	L110×14	140	1 112
HN900×300×16×28	M20	10	L100×14	130	1 300
	M22	9	L100×14	130	1 150
	M24	9	L110×14	140	1 110
HN*1000×300×19×36	M20	11	L100×14	130	1 584
	M22	11	L100×14	130	1 533
	M24	10	L110×14	140	1 361

附表 8　Tekla 节点 T141-2(弱轴螺栓焊接) 节点设计表

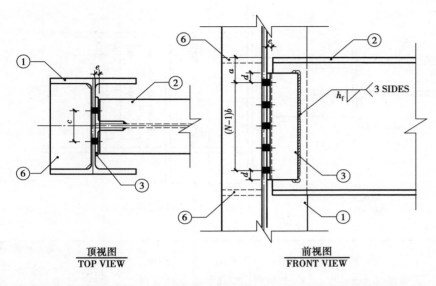

顶视图
TOP VIEW

前视图
FRONT VIEW

② 梁截面规格	螺栓 型号	螺栓 行数 N	③ 连接角钢 规格	螺栓 列距 c (mm)	节点抗剪 承载力(kN)
HN200 × 100 × 5.5 × 8	M16	2	L100 × 63 × 7	120	80
HN250 × 125 × 6 × 9	M16	3	L100 × 63 × 7	120	104
	M20	2	L100 × 63 × 7	120	98
HN300 × 150 × 6.5 × 9	M20	2	L100 × 63 × 7	120	167
	M22	2	L100 × 63 × 7	120	167
HN350 × 175 × 7 × 11	M20	3	L100 × 63 × 8	120	222
	M22	3	L100 × 63 × 8	120	222
	M24	3	L110 × 70 × 8	130	222

② 梁截面规格	螺栓 型号	螺栓 行数 N	③ 连接角钢 规格	螺栓 列距 c (mm)	节点抗剪 承载力 (kN)
HN400 × 200 × 8 × 13	M20	4	L100 × 63 × 10	120	312
	M22	3	L100 × 63 × 10	120	312
	M24	3	L110 × 70 × 10	130	312
HN450 × 200 × 9 × 14	M20	4	L100 × 63 × 10	120	395
	M22	4	L100 × 63 × 10	120	395
	M24	4	L110 × 70 × 10	130	395
HN500 × 200 × 10 × 16	M20	5	L100 × 63 × 10	120	511
	M22	5	L100 × 63 × 10	120	511
	M24	4	L110 × 70 × 10	130	499
HN550 × 200 × 10 × 16	M20	5	L100 × 63 × 10	120	572
	M22	5	L100 × 63 × 10	120	572
	M24	5	L110 × 70 × 10	130	572
HN600 × 200 × 11 × 17	M20	6	L100 × 12	125	699
	M22	6	L100 × 12	125	699
	M24	6	L110 × 12	135	699
HN * 650 × 300 × 11 × 17	M20	7	L100 × 12	125	760
	M22	6	L100 × 12	125	760
	M24	6	L110 × 12	135	760
HN700 × 300 × 13 × 24	M20	7	L100 × 12	125	968
	M22	7	L100 × 12	125	968
	M24	7	L110 × 12	135	968

附表9　Tekla 节点 T186-1（强轴单剪板）节点设计表

② 梁截面规格	螺栓型号	螺栓行数 N	③ 连接角钢规格	螺栓列距 c（mm）	节点抗剪承载力（kN）
HN * 750 × 300 × 13 × 24	M20	8	L100 × 12	125	1 049
	M22	8	L100 × 12	125	1 049
	M24	7	L110 × 12	135	1 049
HN800 × 300 × 14 × 26	M20	8	L100 × 14	125	1 207
	M22	8	L100 × 14	125	1 207
	M24	8	L110 × 14	135	1 207
HN * 850 × 300 × 16 × 27	M20	9	L100 × 14	130	1 480
	M22	9	L100 × 14	130	1 480
	M24	9	L110 × 14	140	1 480
HN900 × 300 × 16 × 28	M20	10	L100 × 14	130	1 580
	M22	9	L100 × 14	130	1 580
	M24	9	L110 × 14	140	1 580
HN * 1000 × 300 × 19 × 36	M20	11	L100 × 14	130	2 029
	M22	11	L100 × 14	130	2 029
	M24	10	L110 × 14	140	2 021

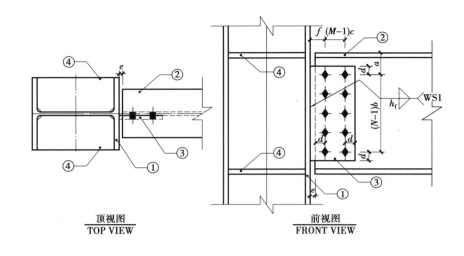

顶视图
TOP VIEW

前视图
FRONT VIEW

② 次梁截面规格尺寸	螺栓规格	螺栓行数 N	螺栓列数 M	③ 板厚（mm）	节点抗剪承载力（kN）
HN200 × 100 × 5.5 × 8	M16	2	1	8	44
HN250 × 125 × 6 × 9	M16	3	1	10	79
	M20	2	1	10	69
HN300 × 150 × 6.5 × 9	M20	3	1	10	125
	M22	2	1	12	80
HN350 × 175 × 7 × 11	M20	3	1	10	125
	M22	3	1	10	146
	M24	3	1	10	177
HN400 × 200 × 8 × 13	M20	4	1	10	186
	M22	4	1	10	220
	M24	3	1	12	177

② 次梁截面规格尺寸	螺栓 规格	螺栓 行数 N	螺栓 列数 M	③ 板厚 （mm）	节点抗剪 承载力 （kN）	② 次梁截面规格尺寸	螺栓 规格	螺栓 行数 N	螺栓 列数 M	③ 板厚 （mm）	节点抗剪 承载力 （kN）
HN450 × 200 × 9 × 14	M20	4	1	12	186	HN800 × 300 × 14 × 26	M20	8	1	16	449
	M22	4	1	12	220		M22	8	1	16	541
	M24	4	1	12	266		M24	8	1	16	629
HN500 × 200 × 10 × 16	M20	5	1	12	251	HN ∗ 850 × 300 × 16 × 27	M20	9	1	16	515
	M22	5	1	12	298		M22	9	1	16	622
	M24	4	1	12	266		M24	9	1	16	726
HN550 × 200 × 10 × 16	M20	5	1	12	251	HN900 × 300 × 16 × 28	M20	10	1	16	581
	M22	5	1	12	298		M22	9	1	16	622
	M24	5	1	12	359		M24	9	1	16	726
HN600 × 200 × 11 × 17	M20	6	1	12	316	HN ∗ 1000 × 300 × 19 × 36	M20	11	1	18	646
	M22	6	1	12	378		M22	10	1	18	703
	M24	5	1	14	359		M24	10	1	18	822
HN ∗ 650 × 300 × 11 × 17	M20	7	1	12	382						
	M22	7	1	12	459						
	M24	6	1	12	454						
HN700 × 300 × 13 × 24	M20	7	1	14	382						
	M22	7	1	14	459						
	M24	6	1	14	454						
HN ∗ 750 × 300 × 13 × 24	M20	8	1	14	449						
	M22	8	1	14	541						
	M24	7	1	14	550						

附表10 Tekla 节点 T186-1（强轴双剪板）节点设计表

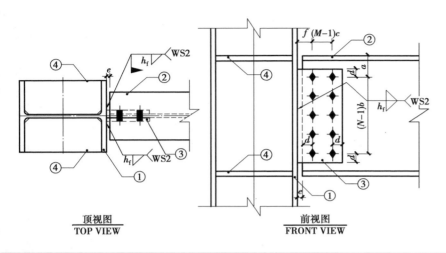

顶视图
TOP VIEW

前视图
FRONT VIEW

② 次梁截面规格尺寸	螺栓 规格	螺栓 行数 N	螺栓 列数 M	③ 板厚 （mm）	节点抗剪 承载力 （kN）
HN200×100×5.5×8	M16	2	1	6	61
HN250×125×6×9	M16	3	1	6	61
	M20	2	1	6	93
HN300×150×6.5×9	M20	2	1	8	93
	M22	2	1	8	105
HN350×175×7×11	M20	3	1	8	177
	M22	3	1	8	201
	M24	3	1	8	218
HN400×200×8×13	M20	4	1	8	278
	M22	3	1	8	201
	M24	3	1	8	222

② 次梁截面规格尺寸	螺栓 规格	螺栓 行数 N	螺栓 列数 M	③ 板厚 （mm）	节点抗剪 承载力 （kN）
HN450×200×9×14	M20	4	1	8	278
	M22	4	1	8	319
	M24	4	1	8	354
HN500×200×10×16	M20	5	1	8	392
	M22	5	1	8	435
	M24	4	1	8	354
HN550×200×10×16	M20	5	1	8	392
	M22	5	1	8	452
	M24	5	1	8	485
HN600×200×11×17	M20	6	1	8	513
	M22	6	1	8	580
	M24	6	1	8	563
HN＊650×300×11×17	M20	7	1	8	635
	M22	6	1	8	597
	M24	6	1	8	632
HN700×300×13×24	M20	7	1	10	641
	M22	7	1	10	749
	M24	7	1	10	763
HN＊750×300×13×24	M20	8	1	10	771
	M22	8	1	10	828
	M24	7	1	10	845

② 次梁截面规格尺寸	螺栓 规格	螺栓 行数 N	螺栓 列数 M	③ 板厚 （mm）	节点抗剪 承载力 （kN）
HN800 × 300 × 14 × 26	M20	8	1	10	771
	M22	8	1	10	907
	M24	8	1	10	945
HN * 850 × 300 × 16 × 27	M20	9	1	10	903
	M22	9	1	10	1 068
	M24	9	1	10	1 124
HN900 × 300 × 16 × 28	M20	10	1	10	1 015
	M22	9	1	10	1 068
	M24	9	1	10	1 219
HN * 1000 × 300 × 19 × 36	M20	11	1	12	1 113
	M22	11	1	12	1 365
	M24	10	1	12	1 410

附表 11　Tekla 节点 T186-2（弱轴单剪板）节点设计表

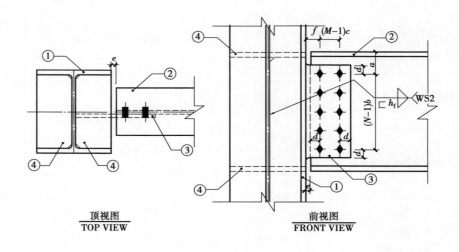

顶视图
TOP VIEW　　　　前视图
FRONT VIEW

② 次梁截面规格尺寸	螺栓 规格	螺栓 行数 N	螺栓 列数 M	③ 板厚 （mm）	节点抗剪 承载力 （kN）
HN200 × 100 × 5.5 × 8	M16	2	1	8	40
HN250 × 125 × 6 × 9	M16	3	1	10	71
	M20	2	1	10	62
HN300 × 150 × 6.5 × 9	M20	2	1	10	113
	M22	2	1	12	72
HN350 × 175 × 7 × 11	M20	3	1	10	113
	M22	3	1	10	131
	M24	3	1	10	159
HN400 × 200 × 8 × 13	M20	4	1	10	167
	M22	3	1	10	198
	M24	3	1	12	159

② 次梁截面规格尺寸	螺栓规格	螺栓行数 N	螺栓列数 M	③ 板厚（mm）	节点抗剪承载力（kN）
HN450×200×9×14	M20	4	1	12	167
	M22	4	1	12	198
	M24	4	1	12	239
HN500×200×10×16	M20	5	1	12	226
	M22	5	1	12	268
	M24	4	1	12	239
HN550×200×10×16	M20	5	1	12	226
	M22	5	1	12	268
	M24	5	1	12	323
HN600×200×11×17	M20	6	1	12	284
	M22	6	1	12	340
	M24	6	1	14	323
HN*650×300×11×17	M20	7	1	12	344
	M22	6	1	12	413
	M24	6	1	12	409
HN700×300×13×24	M20	7	1	14	344
	M22	7	1	14	413
	M24	7	1	14	409
HN*750×300×13×24	M20	8	1	14	404
	M22	8	1	14	487
	M24	7	1	14	495

② 次梁截面规格尺寸	螺栓规格	螺栓行数 N	螺栓列数 M	③ 板厚（mm）	节点抗剪承载力（kN）
HN800×300×14×26	M20	8	1	16	404
	M22	8	1	16	487
	M24	8	1	16	566
HN*850×300×16×27	M20	9	1	16	464
	M22	9	1	16	560
	M24	9	1	16	653
HN900×300×16×28	M20	10	1	16	523
	M22	9	1	16	560
	M24	9	1	16	653
HN*1 000×300×19×36	M20	11	1	18	581
	M22	11	1	18	633
	M24	10	1	18	740

附表 12　Tekla 节点 T57(双角钢支撑)节点设计表

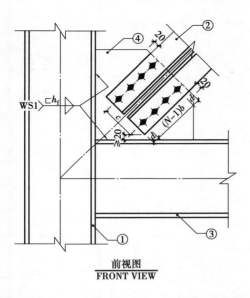

前视图
FRONT VIEW

② 角钢截面 规格	螺栓 型号	螺栓 行数 N	④ 板厚 (mm)	螺栓 列距 c (mm)	节点轴向 承载力 (kN)
2L80×10	M16	2	14	120	162
2L90×10	M16	3	14	120	243
	M20	3	14	120	377
2L100×12	M20	3	16	120	377
	M22	3	16	120	462
2L110×12	M20	3	16	120	377
	M22	3	16	120	462
	M24	3	16	130	547

② 角钢截面 规格	螺栓 型号	螺栓 行数 N	④ 板厚 (mm)	螺栓 列距 c (mm)	节点轴向 承载力 (kN)
2L125×14	M20	3	18	120	377
	M22	3	18	120	462
	M24	3	18	130	547
2L140×14	M20	3	18	120	377
	M22	3	18	120	462
	M24	3	18	130	547
2L150×14	M20	3	18	120	377
	M22	3	18	120	462
	M24	3	18	130	547
2L160×14	M20	3	18	120	377
	M22	3	18	120	462
	M24	3	18	130	547
2L180×16	M20	3	20	125	377
	M22	3	20	125	462
	M24	3	20	135	547
2L200×16	M20	3	20	125	377
	M22	3	20	125	462
	M24	3	20	135	547

附表 13 Tekla 节点 T22（钢管支撑）节点设计表

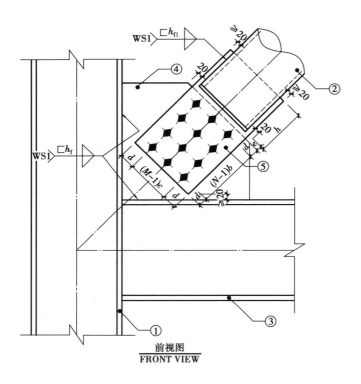

前视图
FRONT VIEW

②支撑圆管截面规格	螺栓规格	螺栓行数 N	螺栓列数 M	④板厚（mm）	⑤板厚（mm）	节点轴向承载力（kN）
$\phi73 \times 6$	M16	2	2	12	10	162
$\phi76 \times 6$	M16	2	2	12	10	162
$\phi83 \times 7$	M16	2	2	12	10	162
$\phi89 \times 7$	M16	2	2	12	10	162
$\phi95 \times 7$	M16	2	2	12	10	162

②支撑圆管截面规格	螺栓规格	螺栓行数 N	螺栓列数 M	④板厚（mm）	⑤板厚（mm）	节点轴向承载力（kN）
$\phi102 \times 7$	M16	2	2	12	10	162
$\phi108 \times 8$	M16	2	2	14	12	162
$\phi114 \times 8$	M16	2	2	14	12	162
	M16	3	2	14	12	243
	M20	2	2	14	12	251
	M20	3	2	14	12	377
$\phi121 \times 8$	M16	2	2	14	12	162
	M16	3	2	14	12	243
	M20	2	2	14	12	251
	M20	3	2	14	12	377
$\phi127 \times 8$	M16	2	2	14	12	162
	M16	3	2	14	12	243
	M20	2	2	14	12	251
	M20	3	2	14	12	377
$\phi133 \times 8$	M16	2	2	14	12	162
	M16	3	2	14	12	243
	M20	2	2	14	12	251
	M20	3	2	14	12	377
$\phi140 \times 10$	M20	2	2	16	14	251
	M20	3	2	16	14	377
	M22	2	2	16	14	308
	M22	3	2	16	14	462

② 支撑圆管 截面规格	螺栓 规格	螺栓 行数 N	螺栓 列数 M	④ 板厚 （mm）	⑤ 板厚 （mm）	节点轴向 承载力 （kN）
$\phi146 \times 10$	M20	2	2	16	14	251
	M20	3	2	16	14	377
	M22	2	2	16	14	308
	M22	3	2	16	14	462
	M24	2	2	16	14	365
	M24	3	2	16	14	547
$\phi152 \times 10$	M20	2	2	16	14	251
	M20	3	2	16	14	377
	M22	2	2	16	14	308
	M22	3	2	16	14	462
	M24	2	2	16	14	365
	M24	3	2	16	14	547
$\phi168 \times 10$	M20	2	2	16	14	251
	M20	3	2	16	14	377
	M22	2	2	16	14	308
	M22	3	2	16	14	462
	M24	2	2	16	14	365
	M24	3	2	16	14	547

附表 14　Tekla 节点 T11（H 型钢支撑）节点设计表

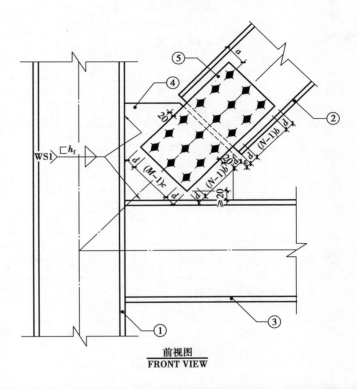

前视图
FRONT VIEW

② H 型钢截面规格	螺栓 规格	螺栓 行数 N	螺栓 列数 M	④ 板厚 （mm）	⑤ 板厚 （mm）	节点轴向 承载力（kN）
HN200 $\times$ 100 $\times$ 5.5 $\times$ 8	M16	2	2	6	4	324
HN250 $\times$ 125 $\times$ 6 $\times$ 9	M16	2	2	6	4	324
	M20	2	2	6	4	502
HN300 $\times$ 150 $\times$ 6.5 $\times$ 9	M20	2	2	8	6	502
	M22	2	2	8	6	616

② H 型钢截面规格	螺栓规格	螺栓行数 N	螺栓列数 M	④ 板厚（mm）	⑤ 板厚（mm）	节点轴向承载力（kN）
HN350×175×7×11	M20	3	1	8	6	377
	M20	3	2	8	6	753
	M22	3	1	8	6	462
	M22	3	2	8	6	923
	M24	3	1	8	6	547
	M24	3	2	8	6	1 094
HN400×200×8×13	M20	4	1	8	6	502
	M20	4	2	8	6	1 004
	M22	3	1	8	6	462
	M22	3	2	8	6	923
	M24	3	1	8	6	547
	M24	3	2	8	6	1 094
HN450×200×9×14	M20	4	1	10	8	502
	M20	4	2	10	8	1 004
	M22	4	1	10	8	616
	M22	4	2	10	8	1 231
	M24	4	1	10	8	729
	M24	4	2	10	8	1 458
HN500×200×10×16	M20	5	1	10	8	628
	M20	5	2	10	8	1 256
	M22	5	1	10	8	770
	M22	5	2	10	8	1 539
	M24	4	1	10	8	729
	M24	4	2	10	8	1 458

② H 型钢截面规格	螺栓规格	螺栓行数 N	螺栓列数 M	④ 板厚（mm）	⑤ 板厚（mm）	节点轴向承载力（kN）
HN550×200×10×16	M20	5	1	10	8	628
	M20	5	2	10	8	1 256
	M22	5	1	10	8	770
	M22	5	2	10	8	1 539
	M24	5	1	10	8	911
	M24	5	2	10	8	1 823
HN600×200×11×17	M20	6	1	12	10	753
	M20	6	2	12	10	1 507
	M22	6	1	12	10	923
	M22	6	2	12	10	1 847
	M24	6	1	12	10	1 094
	M24	6	2	12	10	2 187
HN*650×300×11×17	M20	7	1	12	10	879
	M20	7	2	12	10	1 758
	M22	6	1	12	10	923
	M22	6	2	12	10	1 847
	M24	6	1	12	10	1 094
	M24	6	2	12	10	2 187
HN700×300×13×24	M20	7	1	14	12	879
	M20	7	2	14	12	1 758
	M22	7	1	14	12	1 077
	M22	7	2	14	12	2 155
	M24	7	1	14	12	1 276
	M24	7	2	14	12	2 552

② H 型钢截面规格	螺栓规格	螺栓行数 N	螺栓列数 M	④板厚（mm）	⑤板厚（mm）	节点轴向承载力（kN）
HN * 750 × 300 × 13 × 24	M20	8	1	14	12	1 004
	M20	8	2	14	12	2 009
	M22	8	1	14	12	1 231
	M22	8	2	14	12	2 462
	M24	7	1	14	12	1 276
	M24	7	2	14	12	2 552
HN800 × 300 × 14 × 26	M20	8	1	14	12	1 004
	M20	8	2	14	12	2 009
	M22	8	1	14	12	1 231
	M22	8	2	14	12	2 462
	M24	8	1	14	12	1 458
	M24	8	2	14	12	2 916
HN * 850 × 300 × 16 × 27	M20	9	1	16	12	1 130
	M20	9	2	16	12	2 260
	M22	9	1	16	12	1 385
	M22	9	2	16	12	2 770
	M24	9	1	16	12	1 640
	M24	9	2	16	12	3 281
HN900 × 300 × 16 × 28	M20	10	1	16	12	1 256
	M20	10	2	16	12	2 511
	M22	9	1	16	12	1 385
	M22	9	2	16	12	2 770
	M24	9	1	16	12	1 640
	M24	9	2	16	12	3 281

② H 型钢截面规格	螺栓规格	螺栓行数 N	螺栓列数 M	④板厚（mm）	⑤板厚（mm）	节点轴向承载力（kN）
HN * 1000 × 300 × 19 × 36	M20	11	1	20	16	1 381
	M20	11	2	20	16	2 762
	M22	11	1	20	16	1 693
	M22	11	2	20	16	3 386
	M24	10	1	20	16	1 823
	M24	10	2	20	16	3 645

附表 15　Tekla 节点 T77（H 型钢构件拼接）节点设计表

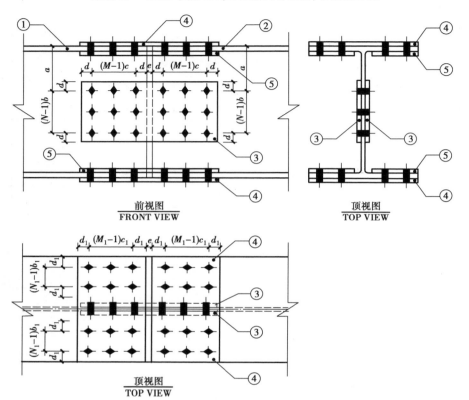

前视图 FRONT VIEW　　顶视图 TOP VIEW

顶视图 TOP VIEW

② 支撑圆管截面规格		螺栓规格		螺栓 行数		螺栓 列数		③ 板厚 （mm）	④ 板厚 （mm）	⑤ 板厚 （mm）
腹板	翼缘	腹板	翼缘	N	N_1	M	M_1			
HN200×100×5.5×8		M16	M16	2	1	2	2	4	6	6
HN250×125×6×9		M16	M16	2	1	2	3	4	6	6
		M20	M20	2	1	2	3	4	6	6
HN300×150×6.5×9		M20	M20	2	1	2	3	6	6	6
		M22	M22	2	1	2	3	6	6	6

② 支撑圆管截面规格		螺栓规格		螺栓 行数		螺栓 列数		③ 板厚 （mm）	④ 板厚 （mm）	⑤ 板厚 （mm）
腹板	翼缘	腹板	翼缘	N	N_1	M	M_1			
HN350×175×7×11		M20	M20	3	1	2	4	6	8	6
		M22	M22	3	1	2	3	6	8	6
		M24	M24	3	1	2	3	6	8	6
HN400×200×8×13		M20	M20	4	1	2	4	6	12	6
		M22	M22	3	1	2	3	6	12	6
		M24	M24	3	1	2	3	6	12	6
HN450×200×9×14		M20	M20	4	1	2	4	8	12	6
		M22	M22	4	1	2	3	8	12	6
		M24	M24	4	1	2	3	8	12	6
HN500×200×10×16		M20	M20	5	1	2	5	8	12	8
		M22	M22	5	1	2	4	8	12	8
		M24	M24	4	1	2	4	8	12	8
HN550×200×10×16		M20	M20	5	1	2	5	8	12	8
		M22	M22	5	1	2	4	8	12	8
		M24	M24	5	1	2	4	8	12	8
HN600×200×11×17		M20	M20	6	1	2	5	10	14	8
		M22	M22	6	1	2	4	10	14	8
		M24	M24	6	1	2	4	10	14	8
HN＊650×300×11×17		M20	M20	7	2	2	4	10	14	8
		M22	M22	6	2	2	3	10	14	8
		M24	M24	6	2	2	4	10	14	8
HN700×300×13×24		M20	M20	7	2	2	5	12	16	12
		M22	M22	7	2	2	4	12	16	12
		M24	M24	7	2	2	4	12	16	12

② 支撑圆管截面规格	螺栓规格		螺栓行数		螺栓列数		③ 板厚 (mm)	④ 板厚 (mm)	⑤ 板厚 (mm)
	腹板	翼缘	N	N_1	M	M_1			
HN * 750 × 300 × 13 × 24	M20	M20	8	2	2	5	12	16	12
	M22	M22	8	2	2	4	12	16	12
	M24	M24	7	2	2	4	12	16	12
HN800 × 300 × 14 × 26	M20	M20	8	2	2	6	12	18	12
	M22	M22	8	2	2	5	12	18	12
	M24	M24	8	1	2	5	12	18	12
HN * 850 × 300 × 16 × 27	M20	M20	9	2	2	6	12	20	12
	M22	M22	9	2	2	5	12	20	12
	M24	M24	9	2	2	5	12	20	12
HN900 × 300 × 16 × 28	M20	M20	10	2	2	6	12	20	14
	M22	M22	9	2	2	5	12	20	14
	M24	M24	9	2	2	5	12	20	14
HN * 1000 × 300 × 19 × 36	M20	M20	11	2	2	7	16	25	16
	M22	M22	11	2	2	7	16	25	16
	M24	M24	10	2	2	6	16	25	16

注:表中截面翼缘螺栓排布,当 $N_1 = 2$ 时表示螺栓为错行布置,靠近翼缘边的螺栓列数为 M_1,中间行的螺栓列数为 $(M_1 - 1)$。

附　录

附录 A　钢结构节点连接实用通图

钢结构节点连接实用通图见下表：

Tekla通用焊缝符号表示法

基本焊缝符号表示
Basic Weld Symbois

清根封底焊缝 Back	角焊缝 Fillet	塞焊缝和狭槽焊缝 Plug or Slot	Groove or Butt						
			I型坡口 Square	V型坡口 Vee	单边V型坡口 Bevel	单钝边U型坡口 U	带钝边J型坡口 J	卷边坡口 (卷边完全熔化) Flare V	带钝边V型坡口 带钝边单边V型坡口 Flare Bevel

辅助焊缝符号表示
Supplementary Weld Symbois

焊缝底部衬垫板 Backing	周边围焊 Weld All Around	现场焊接 Field Weld	尾部符号 (标注焊接工艺说明等)	Contour				
				焊缝表面齐平 Flush	焊缝表面凸起 Convex	焊缝表面凹陷 Convex	G ground smooth / G ground flush	M Machined flush
							G (ground) 打磨	M (Machined) 机加工

有效喉高尺寸 Effective throat
轮廓符号 Convex
抛光 Finish symbol
焊缝长度 Length of weld

两侧焊缝大小及预处理深度 Depth of prepparation or size of weld
根部开孔 Root opening
坡口角度 Groove angle
间断焊缝中心到中心距离 Pitch c/c spacing

两侧焊缝注释及参考说明 Specification,Process or other reference
现场焊接 Field Weld
周边围焊 Weld-all-around

F — A R
Both Siders / Arrow Other side

T S (E) L — P

两侧焊缝符号及大小 Basic weld symbol
焊缝箭头指向反侧 焊缝符号及大小
焊缝箭头指向一侧 焊缝符号及大小

Tekla焊缝符号位置标注标准及样式大样
Standard Location of Elements of a Welding Symbol

图名 TITLE	焊缝大样通图（1）						图号 DRAWN No. WD-01
审核 APPROVED	张甫平	校对 CHECKED	邓斌	设计 DESIGNED	杨国峰		

| 图 号
DRAWN No. | WD-02 |

焊缝焊接代号汇总一览表

焊接方法及焊透种类代号		
代号	焊接方法	焊透种类
MC	焊条电弧焊-M	完全焊透-C
MP		完全焊透-P
GC	气体保护电弧焊-G	完全焊透-C
GP	药芯焊丝自保护焊-G	完全焊透-P
SC	埋弧焊-S	完全焊透-C
SP		完全焊透-P
SL	电渣焊-S	完全焊透-L

接头形式及坡口形式代号			
接头形式代号		坡口形式代号	
代号	使用材料	代号	单面、双面焊接面规定
B	对接接头-B	I	I型坡口
T	T形接头-T	V	V型坡口
X	十字接头-X	X	X型坡口
C	角接接头-C	L	单边V型坡口
F	搭接接头-F	K	K型坡口
		U	U型坡口
		J	单边U型坡口

焊接位置代号		坡口各部分的尺寸代号	
代号	焊接位置	代号	代表坡口各部分的尺寸
F	平焊	t	焊缝部位的板厚度(mm)
H	横焊	b	坡口根部间隙或部件间隙(mm)
V	立焊	h	坡口深度(mm)
O	仰焊	p	坡口钝边高度(mm)
		β	坡口角度(°)

单面，双面焊接及衬垫种类代号			
反面衬垫种类		单面、双面焊接	
代号	使用材料	代号	单面、双面焊接面规定
BS	钢衬垫	1	单面焊接-1
BF	其他材料衬垫	2	双面焊接-2

标记示例：焊条电弧焊，完全焊透-对接，I型坡口-背面加钢衬垫的单面焊接接头

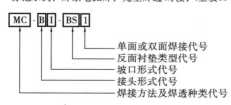

MC - B I - BS 1

- 单面或双面焊接代号
- 反面衬垫类型代号
- 坡口形式代号
- 接头形式代号
- 焊接方法及焊透种类代号

图名 TITLE	焊缝大样通图（2）					
审核 APPROVED	张甫平	校对 CHECKED	邓斌	设计 DESIGNED	杨国峰	图号 DRAWN No.	WD-02

角焊缝通用焊脚尺寸及焊缝承载力汇总表

图号 DRAWN No. **WD-03**

母材厚度t	连接板及连接角钢等	加劲板及构造板件	连接板厚度 t	单面直角焊缝	每毫米长度承载力（N）	连接板厚度 t	双面直角焊缝	每毫米长度承载力（N）
$t \leq 6$	5	5	$t \leq 6$	5	560	$t \leq 6$	5	1 120
$7 < t \leq 9$	6	5	$7 < t \leq 9$	6	672	$7 < t \leq 9$	6	1 344
$9 < t \leq 12$	8	6	$9 < t \leq 12$	8	896	$9 < t \leq 12$	8	1 792
$12 < t \leq 16$	10	8	$12 < t \leq 16$	10	1 120	$12 < t \leq 16$	10	2 240
$16 < t \leq 18$	12	10	$16 < t \leq 18$	12	1 344	$16 < t \leq 18$	12	2 688
$18 < t \leq 22$	14	12	$18 < t \leq 22$	14	1 568	$18 < t \leq 22$	14	3 136
1.角焊缝最小焊缝长度为不小于焊脚尺寸8倍 2.断续角焊缝最小焊缝长度为不小于焊脚尺寸8倍			E43焊条-角焊缝承载力（kN）			E43焊条-角焊缝承载力（kN）		

E43焊条-角焊缝承载力（kN） E43-Fillet Weld Capacity(kN) ｜ Q235B双角钢连接双列螺栓承载力(kN) Two Angles Bolts Capacity(kN) ｜ 螺栓等级H10.9 Bolt H10.9

竖向螺栓数 Bolts No.	连接角钢长度L Angle LG L	焊脚尺寸 WS1(mm) Fillet Size WS1(mm)						螺栓直径 D(mm) Bolts Size D(mm)				最小腹板厚度Web H10.9级
		5	6	8	10	12	14	M20	M22	M24	M27	
2	150	300	358	470	578	683	784	251	307	364	469	6.0
3	230	390	466	614	759	900	1 038	376	461	546	704	6.5
4	310	480	574	758	939	1 116	1 290	502	615	729	939	8.0
5	390	570	682	902	1 119	1 332	1 541	627	769	911	1 174	8.3
6	470	660	789	1 046	1 298	1 547	1 793	753	923	1 093	1 409	9.0
7	550	750	897	1 189	1 478	1 762	2 044	878	1 077	1 275	1 644	10.0
8	630	839	1 005	1 333	1 657	1 978	2 295	1 004	1 231	1 458	1 879	11.0
建议连接角钢规格 Angle Size		L90×65×8 L90×70×8		L90×65×10 L90×70×12		L100×70×14 L100×70×16						

3 SIDES　WS1　G

图名 TITLE：**焊缝大样通图（3）**

审核 APPROVED	张甫平	校对 CHECKED	邓斌	设计 DESIGNED	杨国峰	图号 DRAWN No.	WD-03

图号 DRAWN No.	WD-04

角焊缝通用焊脚尺寸及焊缝承载力汇总表

E43焊条–角焊缝承载力(kN) E43-Fillet Weld Capacity（kN） / Q235B双角钢连接双列螺栓承载力(kN) Two Angles Bolts Capacity(kN) 螺栓等级H10.9 Bolt H10.9

竖向螺栓数 Bolts No.	连接角钢长度L Angle LG L	焊脚尺寸 ws1(mm) Fillet Size ws1(mm)						螺栓直径D(mm) Bolts Size D(mm) H10.9级				最小腹板厚度Web
		5	6	8	10	12	14	M20	M22	M24	M27	
2	150	168	201	268	336	403	470	131	161	191	246	4.0
3	230	257	309	412	515	618	721	238	292	346	447	4.0
4	310	347	416	555	694	833	972	359	440	521	672	5.0
5	390	436	524	698	873	1 048	1 223	487	597	707	911	6.0
6	470	526	631	842	1 052	1 263	1 473	618	757	897	1 156	7.0
7	550	616	739	985	1 232	1 478	1 724	750	919	1 089	1 404	8.0
8	630	705	846	1 128	1 411	1 693	1 975	883	1 082	1 282	1 652	10.0
建议连接角钢规格 Angle Size		L90×65×8 L90×70×8		L90×65×10 L90×70×12		L100×70×14 L100×70×16						

E43焊条-角焊缝承载力(kN) E43-Fillet Weld Capacity（kN） / Q235B单角钢连接单列螺栓承载力(kN) Single Angles Bolts Capacity(kN) 螺栓等级H10.9 Bolt H10.9

竖向螺栓数 Bolts No.	连接角钢长度L Angle LG L	焊脚尺寸 ws1(mm) Fillet Size ws1(mm)						螺栓直径D(mm) Bolts Size D(mm) H10.9级				最小腹板厚度Web
		5	6	8	10	12	14	M20	M22	M24	M27	
2	150	150	178	234	289	341	392	65	80	95	123	4.0
3	230	195	233	307	379	450	519	119	146	173	223	4.0
4	310	240	287	379	469	558	645	179	220	260	336	5.0
5	390	285	341	452	559	666	770	243	298	353	455	6.0
6	470	330	394	523	649	773	896	309	378	448	578	7.0
7	550	375	448	594	739	881	1 022	375	459	544	702	8.0
8	630	419	502	666	828	989	1 147	441	541	641	826	10.0
建议连接角钢规格 Angle Size		L90×65×8 L90×70×8		L90×65×10 L90×70×12		L100×70×14 L100×70×16						

图名 TITLE	焊缝大样通图（4）

| 审核 APPROVED | 张甫平 | 校对 CHECKED | 邓斌 | 设计 DESIGNED | 杨国峰 | 图号 DRAWN No. | WD-04 |

角焊缝通用焊脚尺寸及焊缝承载力汇总表

E43焊条-角焊缝承载力(kN) E43-Fillet Weld Capacity(kN)							Q345B单板连接双列螺栓承载力(kN) 螺栓等级H10.9 Plate Angles Bolts Capacity(kN) Bolt H10.9				
竖向螺栓数 Bolts No.	连接板长度L Plate LG L	焊脚尺寸 WS1(mm) Fillet Size WS1(mm)						螺栓直径 D(mm) Bolts Size D(mm) H10.9级				最小腹板厚度Web
		5	6	8	10	12	14	M20	M22	M24	M27	
2	150	168	201	268	336	403	470	100	123	146	188	4.0
3	230	257	309	412	515	618	721	179	220	260	336	4.0
4	310	347	416	555	694	833	972	274	335	397	512	5.0
5	390	436	524	698	873	1 048	1 223	381	467	553	713	6.0
6	470	526	631	842	1 052	1 263	1 473	497	610	722	931	7.0
7	550	616	739	985	1 232	1 478	1 724	621	761	901	1 162	8.0
8	630	705	846	1 128	1 411	1 693	1 975	748	918	1 087	1 401	10.0
建议连接板最小厚度 Plate Size		8	10	12	14	16	20					

E43焊条-角焊缝承载力(kN) E43-Fillet Weld Capacity（kN）							Q345B单板连接单列螺栓承载力(kN) 螺栓等级H10.9 Plate with Bolts Capacity（kN） Bolt H10.9				
竖向螺栓数 Bolts No.	连接板长度L APlate LG L	焊脚尺寸 WS1(mm) Fillet Size WS1(mm)						螺栓直径 D(mm) Bolts Size D(mm) H10.9级				最小腹板厚度Web
		5	6	8	10	12	14	M20	M22	M24	M27	
4	150	168	201	268	336	403	470	73	98	107	138	4.0
6	230	257	309	412	515	618	721	131	160	190	245	4.0
8	310	347	416	555	694	833	972	193	237	281	362	5.0
10	390	436	524	698	873	1 048	1 223	258	317	375	483	6.0
12	470	526	631	842	1 052	1 263	1 473	324	397	471	607	7.0
14	550	616	739	985	1 232	1 478	1 724	390	478	566	730	8.0
16	630	705	846	1 128	1 411	1 693	1 975	456	559	662	854	10.0
建议连接板最小厚度 Plate Size		8	10	12	14	16	20					

图名 TITLE	焊缝大样通图（5）						
审核 APPROVED	张甫平	校对 CHECKED	邓斌	设计 DESIGNED	杨国峰	图号 DRAWN No.	WD-05

埋弧焊全焊透坡口形式与尺寸（mm）

| 图号 DRAWN No. | WD-06 |

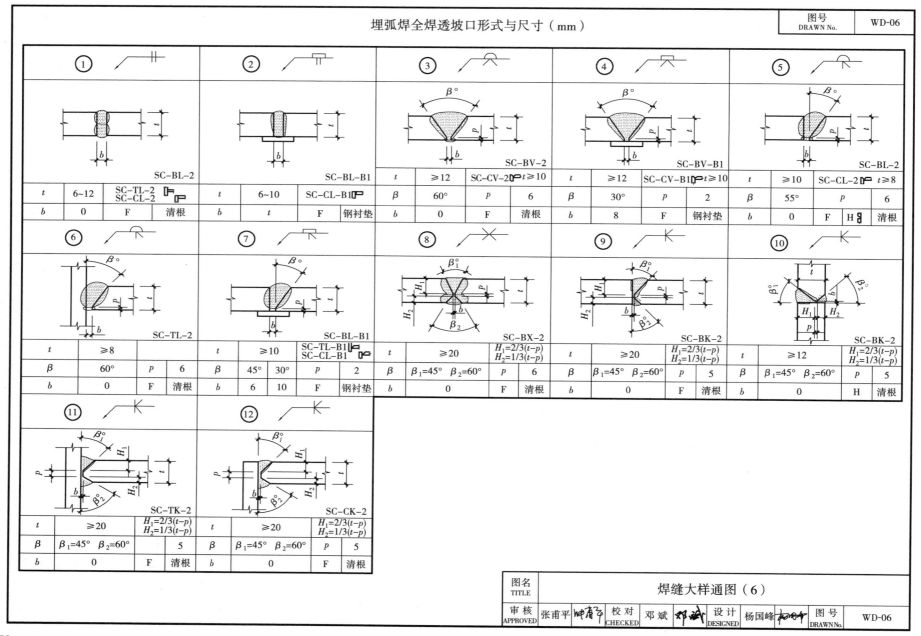

图名 TITLE	焊缝大样通图（6）			
审核 APPROVED	张甫平	校对 CHECKED	邓斌	设计 DESIGNED 杨国峰	图号 DRAWN No. WD-06

气体保护焊，自保护焊全焊透坡口形式与尺寸（mm）

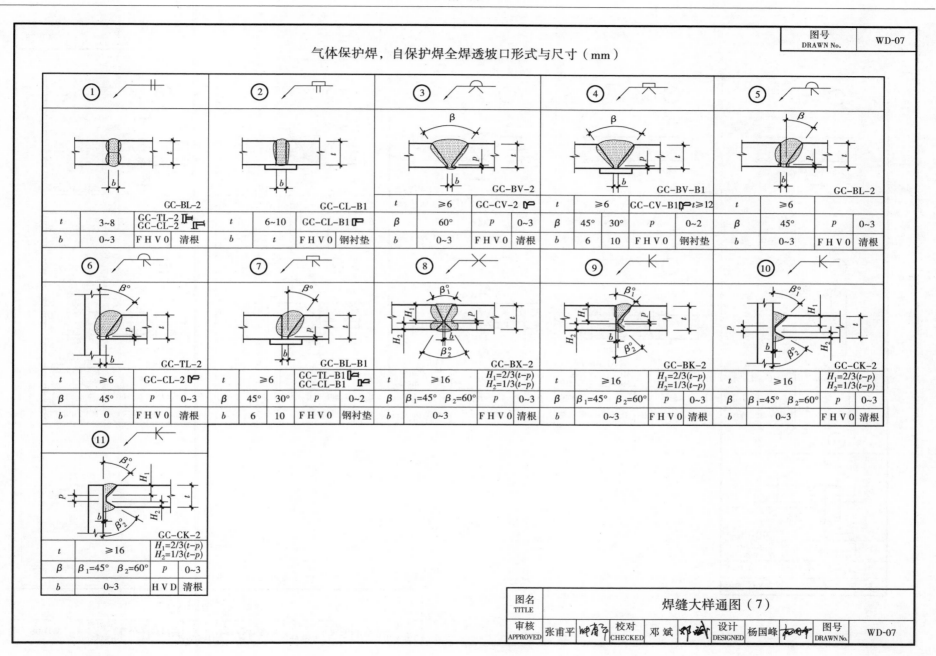

①			②			③			④			⑤		

① GC-BL-2

t	3~8	GC-TL-2 / GC-CL-2
b	0~3	F H V 0　清根

② GC-CL-B1

t	6~10	GC-CL-B1
b	t	F H V 0　钢衬垫

③ GC-BV-2

		GC-CV-2		
t	≥6			
$β$	60°		p	0~3
b	0~3	F H V 0	清根	

④ GC-BV-B1

			GC-CV-B1 t≥12	
t	≥6			
$β$	45°	30°	p	0~2
b	6	10	F H V 0	钢衬垫

⑤ GC-BL-2

t	≥6		
$β$	45°	p	0~3
b	0~3	F H V 0	清根

⑥ GC-TL-2

		GC-CL-2	
t	≥6		
$β$	45°	p	0~3
b	0	F H V 0	清根

⑦ GC-BL-B1

			GC-TL-B1 / GC-CL-B1	
t	≥6			
$β$	45°	30°	p	0~2
b	6	10	F H V 0	钢衬垫

⑧ GC-BX-2

		$H_1=2/3(t-p)$ $H_2=1/3(t-p)$	
t	≥16		
$β$	$β_1=45°$　$β_2=60°$	p	0~3
b	0~3	F H V 0	清根

⑨ GC-BK-2

		$H_1=2/3(t-p)$ $H_2=1/3(t-p)$	
t	≥16		
$β$	$β_1=45°$　$β_2=60°$	p	0~3
b	0~3	F H V 0	清根

⑩ GC-CK-2

		$H_1=2/3(t-p)$ $H_2=1/3(t-p)$	
t	≥16		
$β$	$β_1=45°$　$β_2=60°$	p	0~3
b	0~3	F H V 0	清根

⑪ GC-CK-2

		$H_1=2/3(t-p)$ $H_2=1/3(t-p)$	
t	≥16		
$β$	$β_1=45°$　$β_2=60°$	p	0~3
b	0~3	H V D	清根

图名 TITLE	焊缝大样通图（7）					
审核 APPROVED	张甫平	校对 CHECKED	邓斌	设计 DESIGNED	杨国峰	图号 DRAWN No. WD-07

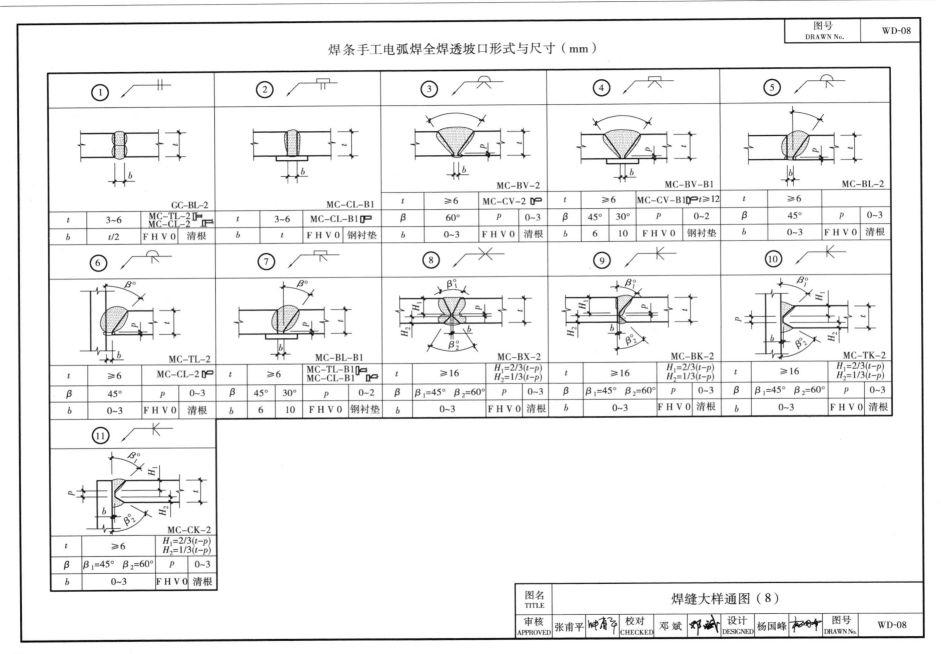

焊条手工电弧焊全焊透坡口形式与尺寸（mm）

图名 TITLE	焊缝大样通图（8）						图号 DRAWN No.	WD-08
审核 APPROVED	张甫平		校对 CHECKED	邓斌		设计 DESIGNED	杨国峰	

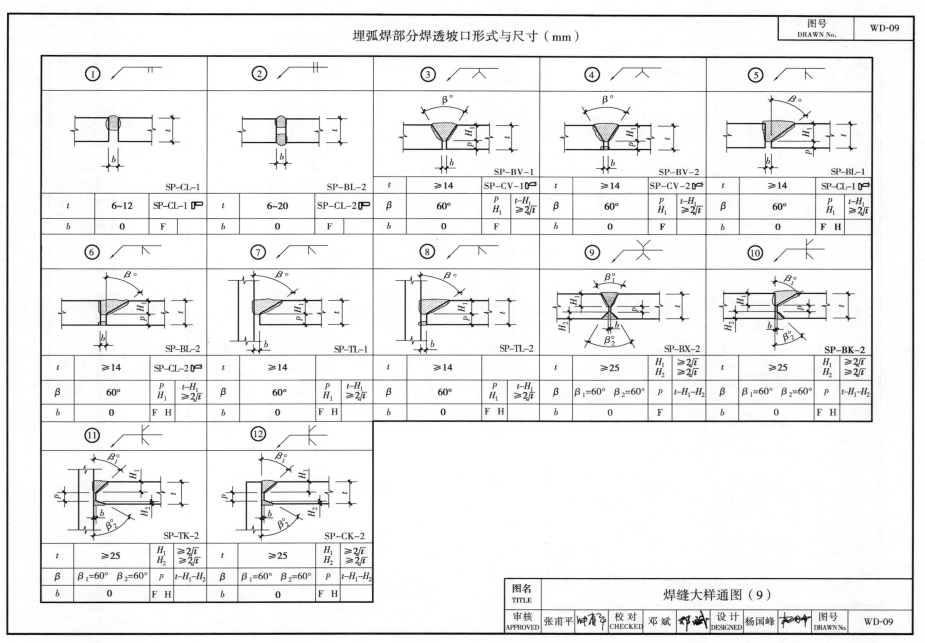

埋弧焊部分焊透坡口形式与尺寸（mm）

图号 DRAWN No.	WD-09

焊缝大样通图（9）

图名 TITLE	焊缝大样通图（9）

审核 APPROVED	张甫平	校对 CHECKED	邓斌	设计 DESIGNED	杨国峰	图号 DRAWN No.	WD-09

① SP-CL-1 / SP-CL-1

| t | 6~12 | SP-CL-1 |
| b | 0 | F |

② SP-BL-2 / SP-CL-2

| t | 6~20 | SP-CL-2 |
| b | 0 | F |

③ SP-BV-1 / SP-CV-1

t	≥14	SP-CV-1
β	60°	p H_1	$t-H_1$ ≥2$\sqrt{t}$
b	0	F

④ SP-BV-2 / SP-CV-2

t	≥14	SP-CV-2
β	60°	p H_1	$t-H_1$ ≥2$\sqrt{t}$
b	0	F

⑤ SP-BL-1 / SP-CL-1

t	≥14	SP-CL-1
β	60°	p H_1	$t-H_1$ ≥2$\sqrt{t}$
b	0	F H

⑥ SP-BL-2 / SP-CL-2

t	≥14	SP-CL-2
β	60°	p H_1	$t-H_1$ ≥2$\sqrt{t}$
b	0	F H

⑦ SP-TL-1

t	≥14	
β	60°	p H_1	$t-H_1$ ≥2$\sqrt{t}$
b	0	F H

⑧ SP-TL-2

t	≥14	
β	60°	p H_1	$t-H_1$ ≥2$\sqrt{t}$
b	0	F H

⑨ SP-BX-2

t	≥25	H_1 ≥2$\sqrt{t}$ H_2 ≥2$\sqrt{t}$
β	β_1=60° β_2=60°	p	$t-H_1-H_2$
b	0	F

⑩ SP-BK-2

t	≥25	H_1 ≥2$\sqrt{t}$ H_2 ≥2$\sqrt{t}$
β	β_1=60° β_2=60°	p	$t-H_1-H_2$
b	0	F H

⑪ SP-TK-2

t	≥25	H_1 ≥2$\sqrt{t}$ H_2 ≥2$\sqrt{t}$
β	β_1=60° β_2=60°	p	$t-H_1-H_2$
b	0	F H

⑫ SP-CK-2

t	≥25	H_1 ≥2$\sqrt{t}$ H_2 ≥2$\sqrt{t}$
β	β_1=60° β_2=60°	p	$t-H_1-H_2$
b	0	F H

| 图号 DRAWN No. | WD-10 |

气体保护焊，自保护焊部分焊透坡口形式与尺寸（mm）

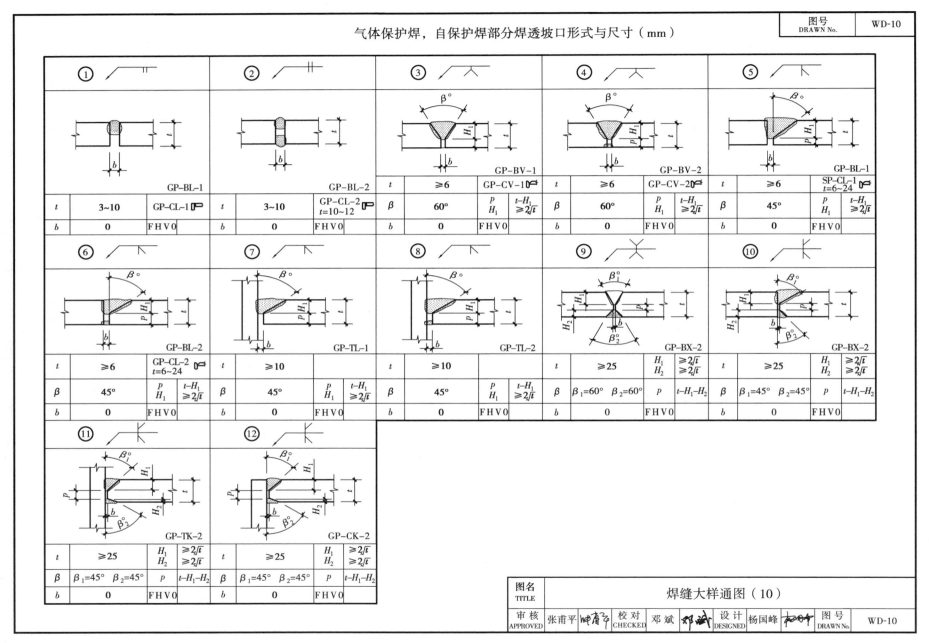

	①			②			③			④			⑤	
	GP-BL-1			GP-BL-2			GP-BV-1			GP-BV-2			GP-BL-1 SP-CL-1 t=6~24	
t	3~10 GP-CL-1		t	3~10 GP-CL-2 t=10~12		t	≥6 GP-CV-1		t	≥6 GP-CV-2		t	≥6	
						β	60°	p H_1	$t-H_1$ ≥2$\sqrt{t}$	β	60°	p H_1	$t-H_1$ ≥2$\sqrt{t}$	β	45°	p H_1	$t-H_1$ ≥2$\sqrt{t}$
b	0	FHV0	b	0	FHV0	b	0	FHV0	b	0	FHV0	b	0	FHV0

	⑥			⑦			⑧			⑨			⑩	
	GP-BL-2			GP-TL-1			GP-TL-2			GP-BX-2			GP-BX-2	
t	≥6 GP-CL-2 t=6~24		t	≥10		t	≥10		t	≥25	H_1 H_2	≥2$\sqrt{t}$ ≥2$\sqrt{t}$	t	≥25	H_1 H_2	≥2$\sqrt{t}$ ≥2$\sqrt{t}$
β	45°	p H_1	$t-H_1$ ≥2$\sqrt{t}$	β	45°	p H_1	$t-H_1$ ≥2$\sqrt{t}$	β	45°	p H_1	$t-H_1$ ≥2$\sqrt{t}$	β	β_1=60° β_2=60°	p	$t-H_1-H_2$	β	β_1=45° β_2=45°	p	$t-H_1-H_2$
b	0	FHV0	b	0	FHV0	b	0	FHV0	b	0	FHV0	b	0	FHV0

	⑪			⑫	
	GP-TK-2			GP-CK-2	
t	≥25	H_1 H_2 ≥2$\sqrt{t}$ ≥2$\sqrt{t}$	t	≥25	H_1 H_2 ≥2$\sqrt{t}$ ≥2$\sqrt{t}$
β	β_1=45° β_2=45°	p $t-H_1-H_2$	β	β_1=45° β_2=45°	p $t-H_1-H_2$
b	0	FHV0	b	0	FHV0

| 图名 TITLE | 焊缝大样通图（10） |

| 审核 APPROVED | 张甫平 | 校对 CHECKED | 邓斌 | 设计 DESIGNED | 杨国峰 | 图号 DRAWN No. | WD-10 |

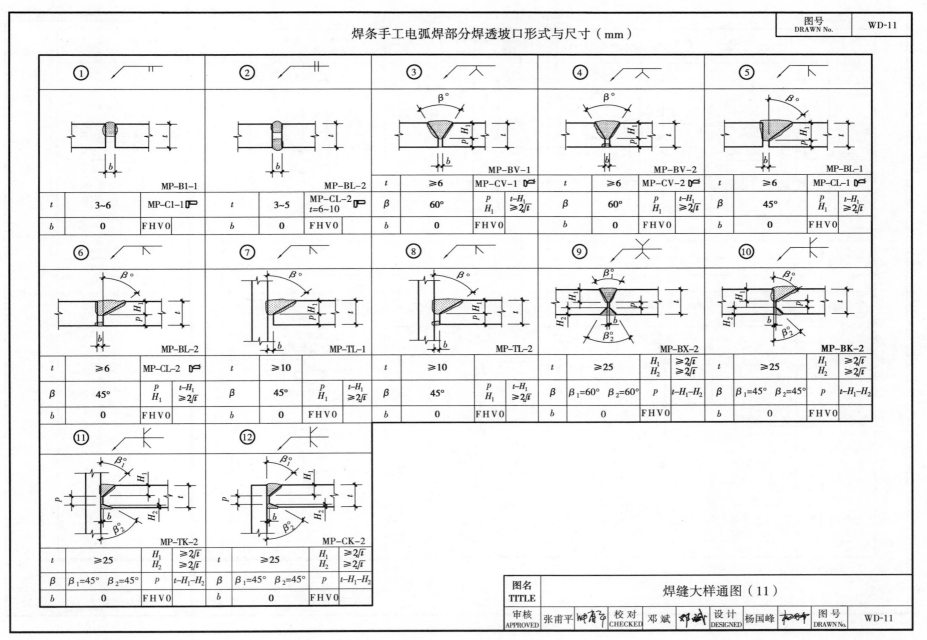

焊条手工电弧焊部分焊透坡口形式与尺寸（mm）

图名 TITLE	焊缝大样通图（11）

| 审核 APPROVED | 张甫平 | 校对 CHECKED | 邓斌 | 设计 DESIGNED | 杨国峰 | 图号 DRAWN No. | WD-11 |

工地焊接接头的基本形式与尺寸（mm）

DRAWN No.　WD-12

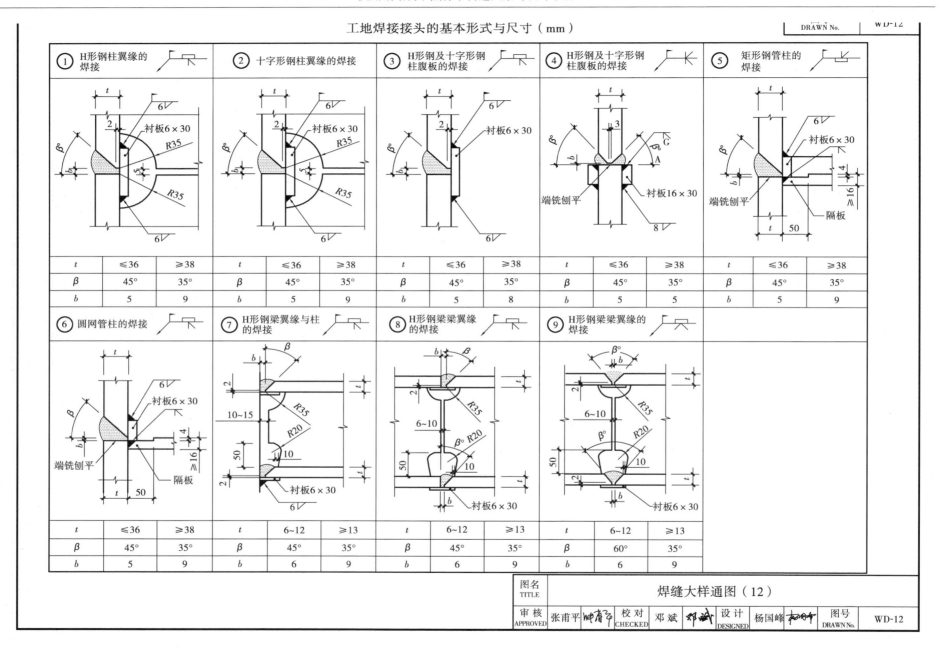

① H形钢柱翼缘的焊接			② 十字形钢柱翼缘的焊接			③ H形钢及十字形钢柱腹板的焊接			④ H形钢及十字形钢柱腹板的焊接			⑤ 矩形钢管柱的焊接		
t	≤36	≥38	t	≤36	≥38	t	≤36	≥38	t	≤36	≥38	t	≤36	≥38
β	45°	35°	β	45°	35°	β	45°	35°	β	45°	35°	β	45°	35°
b	5	9	b	5	9	b	5	8	b	5	5	b	5	9

⑥ 圆钢管柱的焊接			⑦ H形钢梁翼缘与柱的焊接			⑧ H形钢梁梁翼缘的焊接			⑨ H形钢梁梁翼缘的焊接		
t	≤36	≥38	t	6~12	≥13	t	6~12	≥13	t	6~12	≥13
β	45°	35°	β	45°	35°	β	45°	35°	β	60°	35°
b	5	9	b	6	9	b	6	9	b	6	9

图名 TITLE	焊缝大样通图（12）						
审核 APPROVED	张甫平	校对 CHECKED	邓斌	设计 DESIGNED	杨国峰	图号 DRAWN No.	WD-12

| 图号
DRAWN No. | WD-13 |

Tekla 通用焊缝符号表示示意

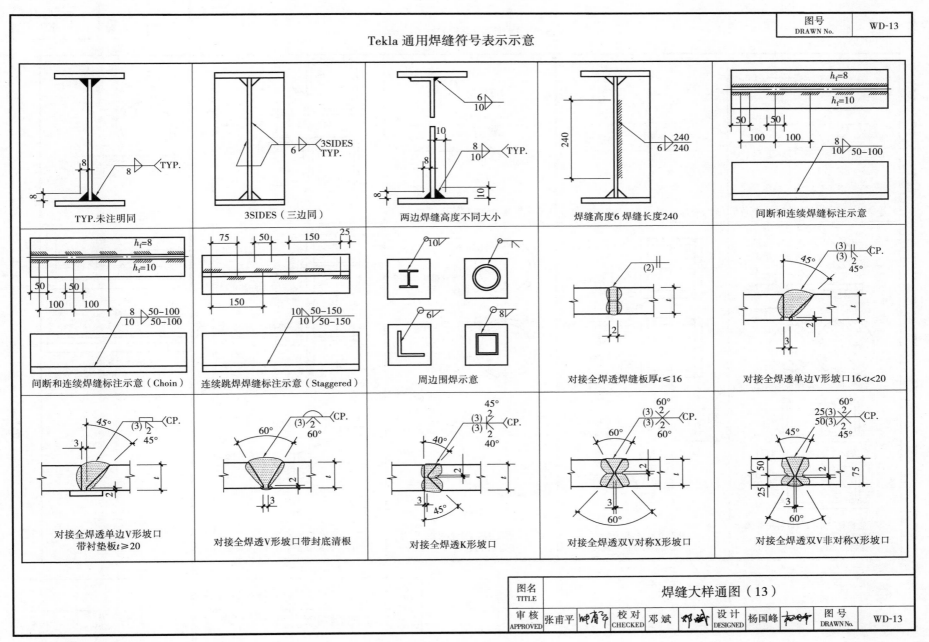

TYP.未注明同 | 3SIDES（三边同） | 两边焊缝高度不同大小 | 焊缝高度6 焊缝长度240 | 间断和连续焊缝标注示意

间断和连续焊缝标注示意（Choin） | 连续跳焊焊缝标注示意（Staggered） | 周边围焊示意 | 对接全焊透焊缝板厚 $t \leqslant 16$ | 对接全焊透单边V形坡口 $16 < t < 20$

对接全焊透单边V形坡口
带衬垫板 $t \geqslant 20$ | 对接全焊透V形坡口带封底清根 | 对接全焊透K形坡口 | 对接全焊透双V对称X形坡口 | 对接全焊透双V非对称X形坡口

| 图名
TITLE | 焊缝大样通图（13） | | | |
| 审核
APPROVED | 张甫平 | 校对
CHECKED | 邓斌 | 设计
DESIGNED | 杨国峰 | 图号
DRAWN No. | WD-13 |

| 图号 DRAWN No. | WD-14 |

Tekla通用焊缝符号表示示意

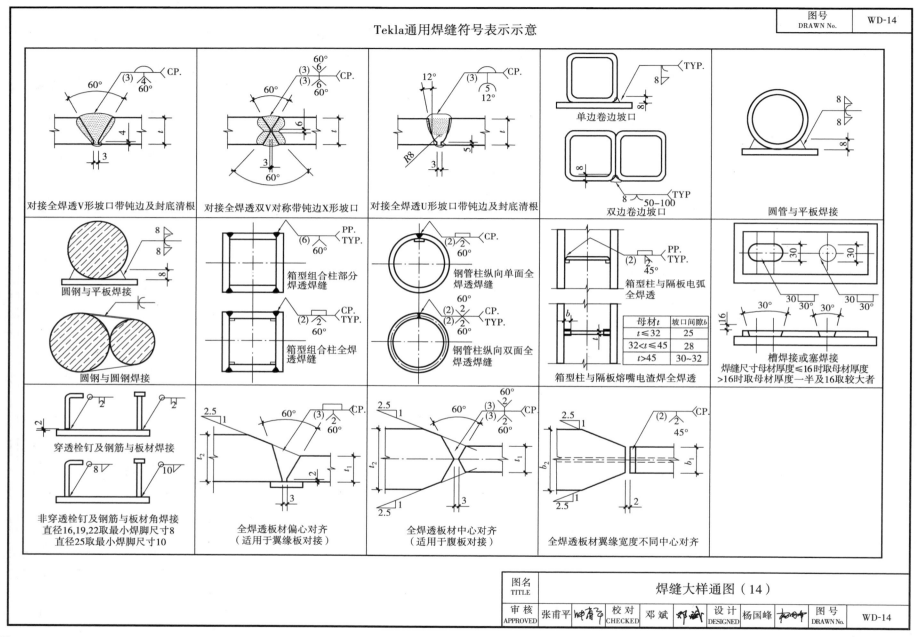

对接全焊透V形坡口带钝边及封底清根

对接全焊透双V对称带钝边X形坡口

对接全焊透U形坡口带钝边及封底清根

单边卷边坡口
双边卷边坡口

圆管与平板焊接

圆钢与平板焊接
圆钢与圆钢焊接

箱型组合柱部分焊透焊缝
箱型组合柱全焊透焊缝

钢管柱纵向单面全焊透焊缝
钢管柱纵向双面全焊透焊缝

箱型柱与隔板电弧全焊透

母材t	坡口间隙b
$t \leq 32$	25
$32 < t \leq 45$	28
$t > 45$	30~32

箱型柱与隔板熔嘴电渣全焊透

槽焊接或塞焊接
焊缝尺寸母材厚度≤16时取母材厚度
>16时取母材厚度一半及16较大者

穿透栓钉及钢筋与板材焊接

非穿透栓钉及钢筋与板材角焊接
直径16,19,22取最小焊脚尺寸8
直径25取最小焊脚尺寸10

全焊透板材偏心对齐
（适用于翼缘板对接）

全焊透板材中心对齐
（适用于腹板对接）

全焊透板材翼缘宽度不同中心对齐

图名 TITLE	焊缝大样通图（14）						
审核 APPROVED	张甫平	校对 CHECKED	邓斌	设计 DESIGNED	杨国峰	图号 DRAWN No.	WD-14

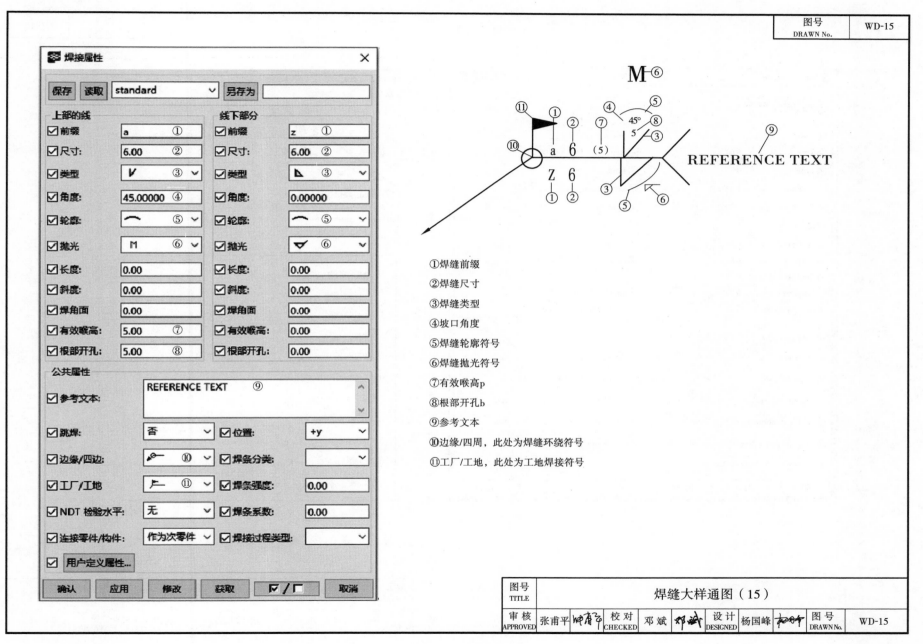

①焊缝前缀

②焊缝尺寸

③焊缝类型

④坡口角度

⑤焊缝轮廓符号

⑥焊缝抛光符号

⑦有效喉高p

⑧根部开孔b

⑨参考文本

⑩边缘/四周，此处为焊缝环绕符号

⑪工厂/工地，此处为工地焊接符号

图号 TITLE	焊缝大样通图（15）					图号 DRAWN No.	WD-15
审 核 APPROVED	张甫平	校 对 CHECKED	邓斌	设 计 DESIGNED	杨国峰	图号 DRAWN No.	WD-15

59

Weld Properties

Save | Load | standard | Save as ①

Above line | Below line

☑ Prefix　a　② | ☑ Prefix　z　②
☑ Size:　6.00　③ | ☑ Size:　6.00　③
☑ Type:　V　④ | ☑ Type:　⌐　④
☑ Angle:　45.00000　⑤ | ☑ Angle:　0.00000000　⑤
☑ Contour:　⌢　⑥ | ☑ Contour:　⌢　⑥
☑ Finish:　M | ☑ Finish:　▽
☑ Length:　0.00 | ☑ Length:　0.00
☑ Pitch:　0.00 | ☑ Pitch:　0.00
☑ Root face:　8.00　⑦ | ☑ Root face:　0.00
☑ Effective throat:　5.00　⑧ | ☑ Effective throat:　0.00
☑ Root opening:　5.00 | ☑ Root opening:　0.00

Common attributes

☑ Reference text:　/ REFERENCE TEXT

☑ Stitch weld:　No　⑩ | ☑ Position:　+y
☑ Edge/Around:　⑪ | ☑ Electrode classification:
☑ Workshop/Site: | ☑ Electrode strength:　0.00
☑ NDT inspection level:　None | ☑ Electrode coefficient:　0.00
☑ Connect part/assembly:　As secondary part | ☑ Welding process type:

☑ User-defined attributes...

OK | Apply | Modify | Get | ☑/☐ | Cancel

☑ Length:　50.00　① | ☑ Length:　50.00　①
☑ Pitch:　100.00　② | ☑ Pitch:　100.00　②
☑ Stitch weld:　Yes　③

a 6　50 – 100　102/REFERENCE TEXT
z 6　50 – 100

① Length of weld segment
② Pitch (center-to-center spacing) of weld segments
③ Staggered intermittent weld

---

① Weld prefix

② Weld size

③ Weld type

④ Weld angle

⑤ Weld contour symbol

⑥ Weld finishing symbol

⑦ Effective throat

⑧ Root opening

⑨ Reference text. Model welds show the weld number as well.

⑩ Edge/Around,here a weld around symbol

⑪ Workshop/Site,here a site weld symbol

图名 TITLE	焊缝大样通图（16）					
审核 APPROVED	张甫平	校对 CHECKED	邓斌	设计 DESIGNED	杨国峰	图号 DRAWN No.　WD-16

Tekla通用焊缝符号表示

图号 DRAWN No. WD-17

使用焊缝标记属性对话框可查看或修改手动添加到图纸中的焊缝的属性

设置	说　明
前缀	a=设计喉高，s=穿透喉高，z=肢长
尺寸	焊缝尺寸
类型	焊缝类型
角度	焊接预加工、斜角或槽口的角度 Tekla Structures将在焊缝类型符号与填充类型轮廓符号间显示该角度
轮廓	焊缝的填充类型轮廓可以是： ·无 ·齐平 — ·凸起 ⌒ ·凹入 ⌣
抛光	Tekla Structures在图纸中的焊缝类型符号上方显示抛光符号。选项有： ·G（打磨） ·M（机加工） ·C（切削） ·▽（平齐抛光焊缝） ·⌣（平滑过渡焊缝表面）
长度	常规焊缝的长度由焊接零件间的连接长度确定。您可以为多边形焊缝设置精确的长度，如通过定义焊缝的起点和终点
断续焊缝	指示焊缝是否是断续焊缝 断续焊缝在所焊接的零件两侧交错排列。Tekla Structures将在焊接标记中交错显示焊缝类型符号
节距	非连续焊缝的中心点到中心点的间距 要创建一条非连续焊缝，须定义焊缝的中心距以及节距。Tekla Structures以节距减去焊缝长度来计算焊缝间的距离 默认情况下，Tekla Stuctures使用–字符分隔焊缝长度和节距，例如50–100。要更改分隔符（例如更改为@），请将高级选项 XS_WELD_LENGTH_CC_SEPARATOR_CHAR设置为@
有效喉高	在焊缝强度计算中使用的焊缝尺寸
根部开孔	焊接零件之间的间距
参考文本	出现在焊接标记中的附加信号。例如，焊缝规格和焊接工艺信号等
边缘四周	指示被焊接的仅是面的一边还是整个周长 图纸上焊接标记中的圆表示已使用圆周选项
工厂/工地	指明焊接加工的地点

图名 TITLE	焊缝大样通图（17）				图号 DRAWN No. WD-17
审核 APPROVED 张甫平	校对 CHECKED 邓斌	设计 DESIGNED 杨国峰			

61

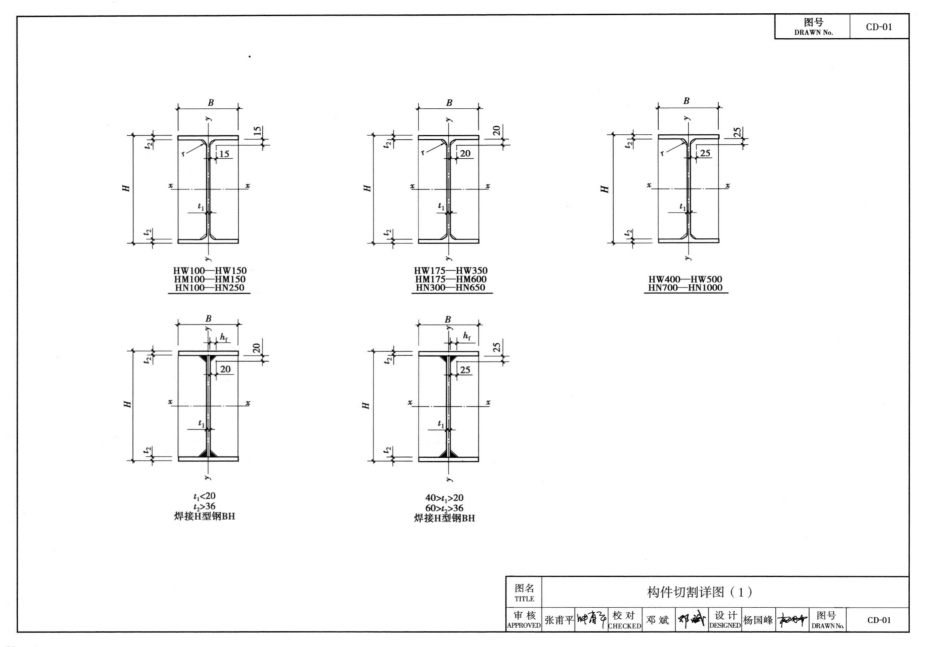

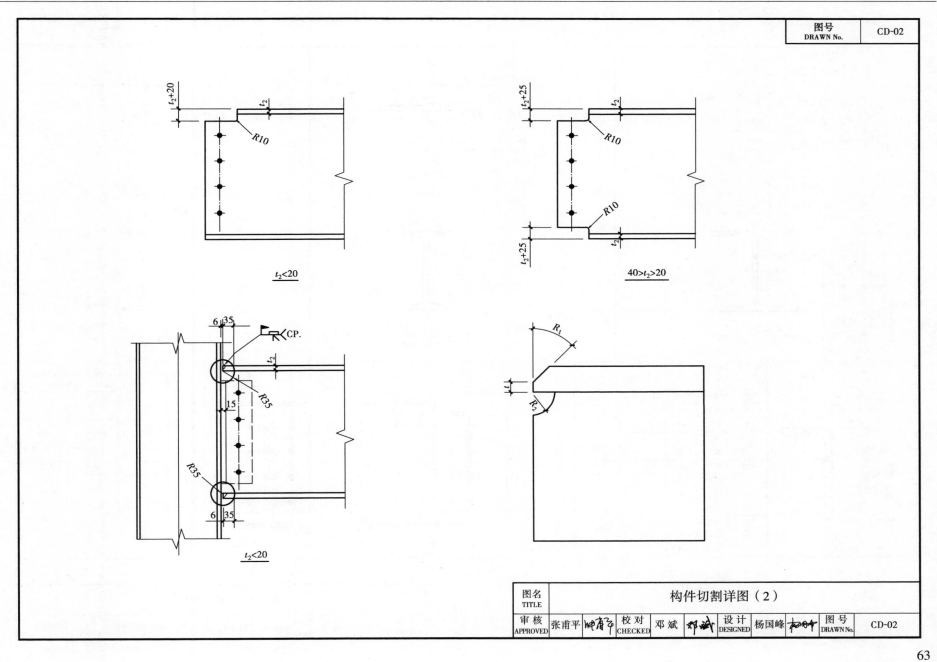

图名 TITLE	构件切割详图（2）					图号 DRAWN No.
审核 APPROVED	张甫平	校对 CHECKED	邓 斌	设计 DESIGNED	杨国峰	CD-02

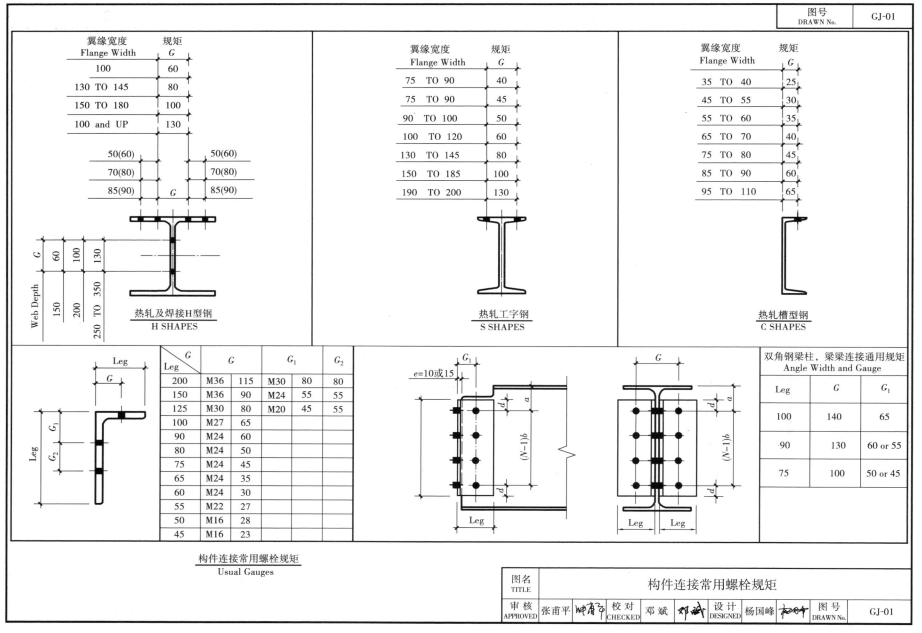

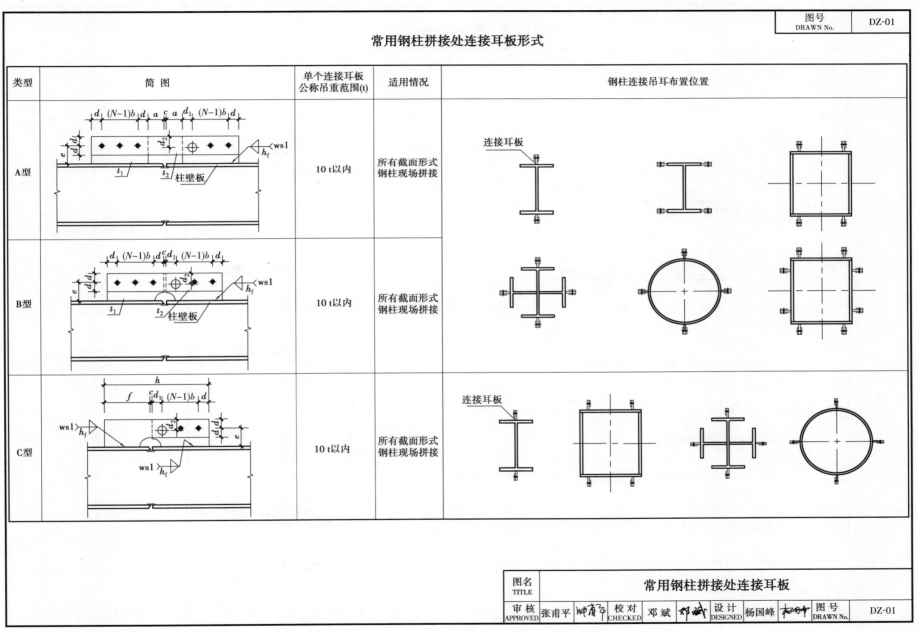

类型	简　图	单个连接耳板公称吊重范围(t)	适用情况	钢柱连接吊耳布置位置
A型		10 t以内	所有截面形式钢柱现场拼接	连接耳板
B型		10 t以内	所有截面形式钢柱现场拼接	
C型		10 t以内	所有截面形式钢柱现场拼接	连接耳板

常用钢柱拼接处连接耳板形式

| 图号 DRAWN No. | DZ-01 |

图名 TITLE　**常用钢柱拼接处连接耳板**

| 审核 APPROVED | 张甫平 | 校对 CHECKED | 邓斌 | 设计 DESIGNED | 杨国峰 | 图号 DRAWN No. | DZ-01 |

		图号 DRAWN No.	DZ-02

常用吊装吊耳板形式（一）

类型	简 图	单个吊耳公称吊重范围（t）	适用情况
A型		1 t以内	小型构件
B型		1 t以内	小型构件
C型		1 t以内	小型构件垂直吊装
D型		10 t以内	无侧向力较大型构件垂直吊装
E型		20 t以内	较大型构件吊装，有侧向力吊装（构件翻身）
F型		30 t以内	较大型及超大型构件吊装，有侧向力吊装（构件翻身）

图名 TITLE	常用吊装吊耳板形式（一）					
审核 APPROVED	张甫平	校对 CHECKED	邓 斌	设计 DESIGNED	杨国峰	图号 DRAWN No.　DZ-02

| 图号 DRAWN No. | DZ-03 |

常用吊装吊耳板形式（二）

类型	简 图	单个吊耳公称吊重范围（t）	适用情况
G型		20 t以内	较大型及超大型构件吊装
H型		10 t以内	吊装时垂直方向不便安装吊耳，安装吊耳的地方与吊车起重方向成一平面角度
I型		30 t以内	多用于钢桁架吊装
J型		2 t以内	小型构件

图名 TITLE	常用吊装吊耳板形式（二）						
审核 APPROVED	张甫平	校对 CHECKED	邓斌	设计 DESIGNED	杨国峰	图号 DRAWN No.	DZ-03

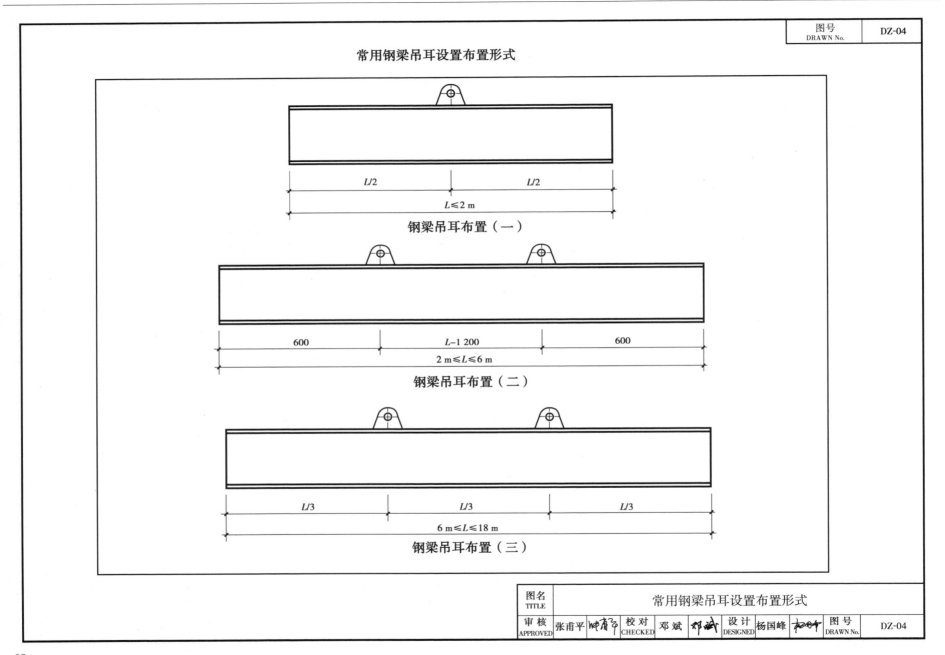

常用钢梁吊耳设置布置形式

钢梁吊耳布置（一）

L/2   L/2

L≤2 m

钢梁吊耳布置（二）

600   L−1 200   600

2 m≤L≤6 m

钢梁吊耳布置（三）

L/3   L/3   L/3

6 m≤L≤18 m

图名 TITLE	常用钢梁吊耳设置布置形式						
审 核 APPROVED	张甫平		校 对 CHECKED	邓 斌	设 计 DESIGNED	杨国峰	图号 DRAWN No. DZ-04

常用钢梁安装定位板形式（一）

类　型	简　图	单块定位板适重范围 （t）	适用情况
A型		5 t以内	次梁与主梁连接
B型		5 t以内	主梁与刚牛腿 连接钢梁拼接

图名 TITLE	常用钢梁安装定位板形式（一）							
审　核 APPROVED	张甫平	校　对 CHECKED	邓　斌	设　计 DESIGNED	杨国峰	图号 DRAWN No.	DZ-05

	图号 DRAWN No.	DZ-06

常用钢梁安装定位板形式（二）

类型	简图	单块定位板 适重范围(t)	适用情况
C型	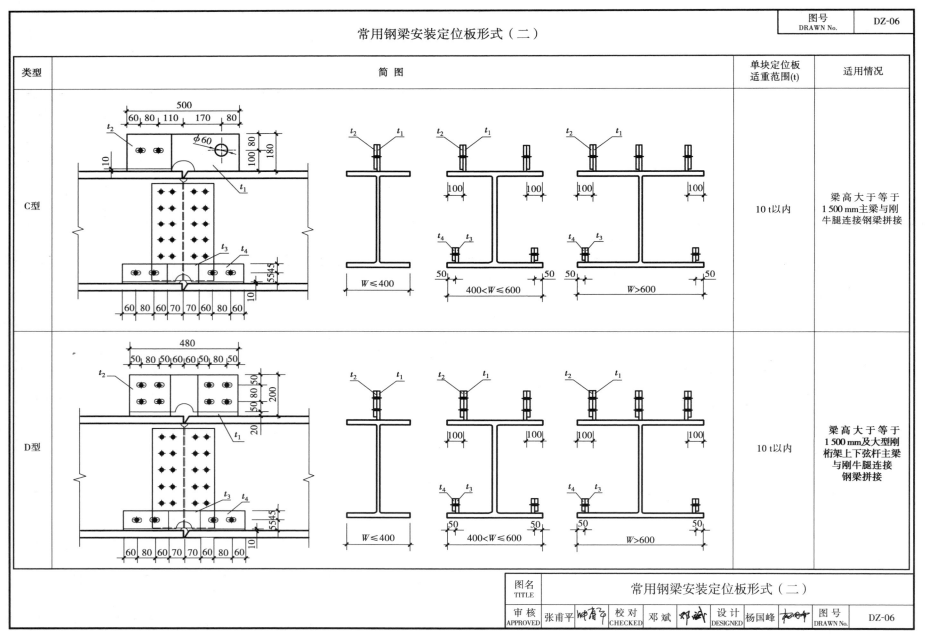	10 t以内	梁高大于等于1 500 mm主梁与刚牛腿连接钢梁拼接
D型		10 t以内	梁高大于等于1 500 mm及大型刚桁架上下弦杆主梁与刚牛腿连接钢梁拼接

图名 TITLE	常用钢梁安装定位板形式（二）						
审核 APPROVED	张甫平	校对 CHECKED	邓斌	设计 DESIGNED	杨国峰	图号 DRAWN No.	DZ-06

附录 B　钢结构常用节点构造图集

钢结构常用节点构造图集见下表：

图　号	Tekla 节点编号	图　名
1　梁柱节点		
1.1　梁柱刚接节点		
BC-MC-01	二次开发	梁柱刚接节点（1）-钢梁与钢柱刚接
BC-MC-02	二次开发	梁柱刚接节点（2）-钢梁与钢柱刚接
BC-MC-03	二次开发	梁柱刚接节点（3）-梁柱刚接
BC-MC-04	二次开发	梁柱刚接节点（4）-梁柱牛腿节点
BC-MC-05	二次开发	梁柱刚接节点（5）-梁柱牛腿节点
BC-MC-06	43	梁柱刚接节点（6）-焊接和加劲的
BC-MC-07	128	梁柱刚接节点（7）-有加劲肋的柱
BC-MC-08	134	梁柱刚接节点（8）-螺栓弯矩连接
BC-MC-09	182	梁柱刚接节点（9）-有加劲肋的柱
BC-MC-10	182	梁柱刚接节点（10）-有加劲肋的柱
1.2　梁柱铰接节点		
BC-SC-01	24	梁柱铰接节点（1）-两侧端板
BC-SC-02	29	梁柱铰接节点（2）-端头板
BC-SC-03	34	梁柱铰接节点（3）-双侧端版
BC-SC-04	101	梁柱铰接节点（4）-端板
BC-SC-05	131	梁柱铰接节点（5）-有抗剪板的柱

图　号	Tekla 节点编号	图　名
BC-SC-06	141-1	梁柱铰接节点（6）-角钢夹板
BC-SC-07	141-2	梁柱铰接节点（7）-角钢夹板
BC-SC-08	142	梁柱铰接节点（8）-两侧端板
BC-SC-09	144	梁柱铰接节点（9）-端板
BC-SC-10	186-1	梁柱铰接节点（10）-有加劲肋的柱
BC-SC-11	186-2	梁柱铰接节点（11）-有加劲肋的柱
BC-SC-12	187-1	梁柱铰接节点（12）-有特殊加劲肋的柱
BC-SC-13	187-2	梁柱铰接节点（13）-有特殊加劲肋的柱
BC-SC-14	188-1	梁柱铰接节点（14）-有加劲肋的柱
BC-SC-15	188-2	梁柱铰接节点（15）-有加劲肋的柱
BC-SC-16	190	梁柱铰接节点（16）-抗弯板
2　梁梁节点		
2.1　梁梁铰接节点		
BB-SC-01	11	梁梁铰接节点（1）-JP 板梁连接板
BB-SC-02	12	梁梁铰接节点（2）-JP 板梁连接板
BB-SC-03	17	梁梁铰接节点（3）-带加劲肋的垂直连接板
BB-SC-04	24	梁梁铰接节点（4）-两侧端板
BB-SC-05	25	梁梁铰接节点（5）-两侧角钢夹板
BB-SC-06	27	梁梁铰接节点（6）-带加劲板的端板
BB-SC-07	29	梁梁铰接节点（7）-H/V 斜剪切板

图　号	Tekla 节点编号	图　名
BB-SC-08	31	梁梁铰接节点(8)-简支角钢
BB-SC-09	32	梁梁铰接节点(9)-T形焊接构件
BB-SC-10	33	梁梁铰接节点(10)-双侧角钢
BB-SC-11	37	梁梁铰接节点(11)-全高剪切板
BB-SC-12	40	梁梁铰接节点(12)-平行剪切板
BB-SC-13	43	梁梁铰接节点(13)-焊接和加劲的
BB-SC-14	48	梁梁铰接节点(14)-剪切弯板
BB-SC-15	65	梁梁铰接节点(15)-局部加劲板的端板
BB-SC-16	101	梁梁铰接节点(16)-端板
BB-SC-17	103	梁梁铰接节点(17)-垂直连接
BB-SC-18	112	梁梁铰接节点(18)-两侧端板
BB-SC-19	115	梁梁铰接节点(19)-两侧端板
BB-SC-20	116	梁梁铰接节点(20)-角钢
BB-SC-21	117	梁梁铰接节点(21)-两侧角钢夹板
BB-SC-22	118	梁梁铰接节点(22)-两侧垂直连接板
BB-SC-23	129	梁梁铰接节点(23)-有加劲肋的梁
BB-SC-24	142	梁梁铰接节点(24)-两侧端板
BB-SC-25	143	梁梁铰接节点(25)-两侧角钢
BB-SC-26	146	梁梁铰接节点(26)-单剪板
BB-SC-27	147	梁梁铰接节点(27)-焊接到上翼缘

图　号	Tekla 节点编号	图　名
BB-SC-28	149	梁梁铰接节点(28)-特殊焊接到止翼缘
BB-SC-29	184	梁梁铰接节点(29)-全深度
BB-SC-30	185	梁梁铰接节点(30)-特殊的全深度

2.2　梁梁刚接节点

图　号	Tekla 节点编号	图　名
BB-MC-01	135	梁梁刚接节点(1)-梁与梁之间短柱
BB-MC-02	123	梁梁刚接节点(2)-焊接梁到梁
BB-MC-03	二次开发	梁梁刚接节点(3)-中建梁梁焊接
BB-MC-04	二次开发	梁梁刚接节点(4)-中建主次梁连接节点
BB-MC-05	二次开发	梁梁刚接节点(5)-中建梁梁刚接2
BB-MC-06	二次开发	梁梁刚接节点(6)-接合节点

3　支撑节点

3.1　H 型钢支撑节点

图　号	Tekla 节点编号	图　名
ZC-SC-01	10	H 型钢支撑(1)-焊接的节点板
ZC-SC-02	11	H 型钢支撑(2)-螺栓连接的节点板
ZC-SC-03	53	H 型钢支撑(3)-对角接合
ZC-SC-04	56	H 型钢支撑(4)-角部钢管节点板
ZC-SC-05	58	H 型钢支撑(5)-外包连接板
ZC-SC-06	62	H 型钢支撑(6)-交叉连接板
ZC-SC-07	165-1	H 型钢支撑(7)-重型支撑
ZC-SC-08	165-2	H 型钢支撑(8)-重型支撑

图　号	Tekla 节点编号	图　名
ZC-SC-09	二次开发	H 型钢支撑(9)-梁柱斜撑(弧)铰接
ZC-SC-10	二次开发	H 型钢支撑(10)-梁柱斜撑(弧)刚接
ZC-SC-11	二次开发	H 型钢支撑(11)-梁柱斜撑(弧)铰接
ZC-SC-12	二次开发	H 型钢支撑(12)-梁柱斜撑(弧)刚接
ZC-SC-13	二次开发	H 型钢支撑(13)-梁柱斜撑节点(18)
3.2　双角钢支撑节点		
ZC-SC-14	169	双角钢支撑(1)-中间连接板
3.3　钢管支撑节点		
ZC-SC-15	22	钢管支撑(1)-交叉管
ZC-SC-16	50-1	钢管支撑(2)-中心支撑管节点板
ZC-SC-17	50-2	钢管支撑(3)-中心支撑管节点板
ZC-SC-18	56	钢管支撑(4)-角部钢管节点板
ZC-SC-19	59	钢管支撑(5)-中空支撑外包连接板
ZC-SC-20	105	钢管支撑(6)-连接支撑
ZC-SC-21	144	钢管支撑(7)-中间支撑管及板
4　柱脚节点		
4.1　刚接柱脚节点		
ZJ-MC-01	64	柱脚节点(1)-基础板的锚固
ZJ-MC-02	71-1	柱脚节点(2)-美国底板节点
ZJ-MC-03	1004	柱脚节点(3)-底板

图　号	Tekla 节点编号	图　名
ZJ-MC-04	1014-1	柱脚节点(4)-加劲肋底板
ZJ-MC-05	1014-2	柱脚节点(5)-加劲肋底板
ZJ-MC-06	1016-1	柱脚节点(6)-腹板加劲的底板
ZJ-MC-07	1016-2	柱脚节点(7)-腹板加劲的底板
ZJ-MC-08	1042-1	柱脚节点(8)-底板
ZJ-MC-09	1042-2	柱脚节点(9)-底板
ZJ-MC-10	1044	柱脚节点(10)-美国支撑板
ZJ-MC-11	1047-1	柱脚节点(11)-美国底板
ZJ-MC-12	1047-2	柱脚节点(12)-美国底板
ZJ-MC-13	1052-1	柱脚节点(13)-圆形底板
ZJ-MC-14	1052-2	柱脚节点(14)-圆形底板
ZJ-MC-15	1066	柱脚节点(15)-箱形柱底板
5　其他节点		
QT-01	30	支座节点
QT-02	39	柱支座
QT-03	70	檩条节点
QT-04	74	美国支座节点
QT-05	170	角钢截面盒节点
QT-06	160	到梁的托梁.类型 1
QT-07	161	到柱的托梁.类型 1

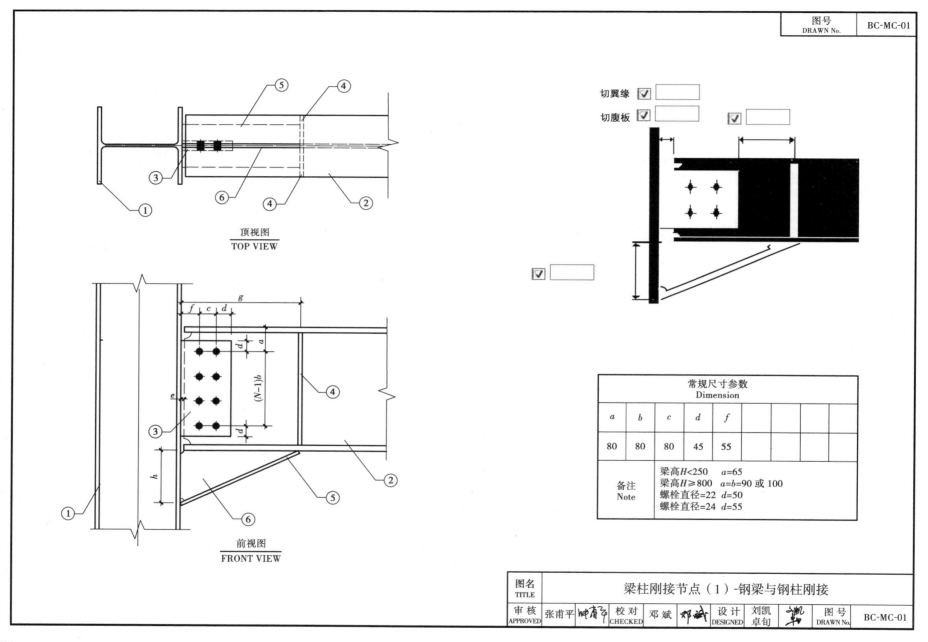

顶视图
TOP VIEW

前视图
FRONT VIEW

切翼缘 ☑

切腹板 ☑   ☑

☑

常规尺寸参数 Dimension								
a	b	c	d	f				
80	80	80	45	55				
备注 Note	梁高$H<250$ $a=65$ 梁高$H\geq800$ $a=b=90$ 或 100 螺栓直径=22 $d=50$ 螺栓直径=24 $d=55$							

图名 TITLE	梁柱刚接节点（1）-钢梁与钢柱刚接							
审核 APPROVED	张甫平	校对 CHECKED	邓斌	设计 DESIGNED	刘凯 卓旬	图号 DRAWN No.	BC-MC-01	

图号 DRAWN No. BC-MC-01

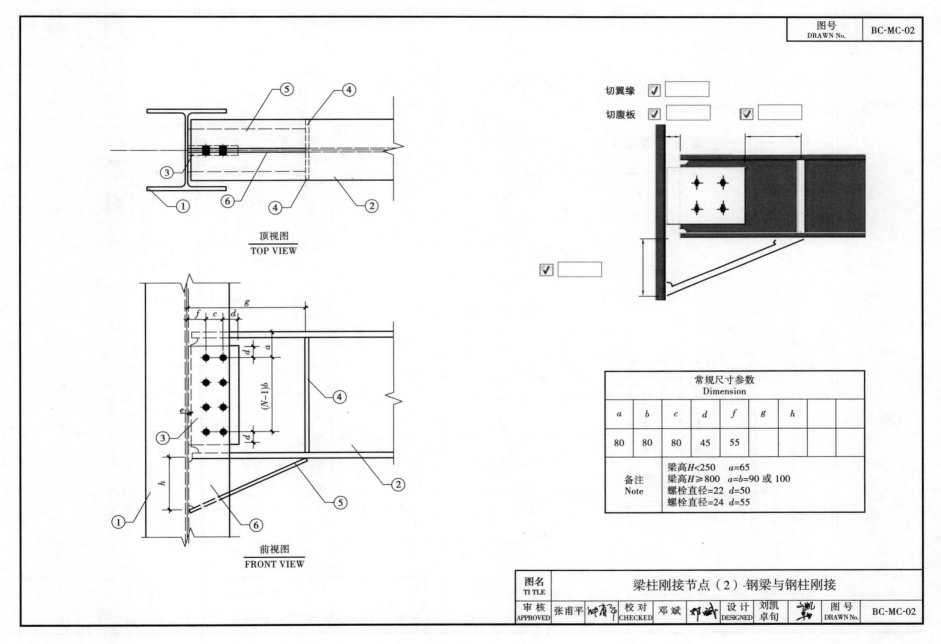

顶视图
TOP VIEW

前视图
FRONT VIEW

切翼缘 ☑ ☐

切腹板 ☑ ☐　　☑ ☐

☑ ☐

常规尺寸参数 Dimension							
a	b	c	d	f	g	h	
80	80	80	45	55			
备注 Note	梁高H<250　a=65 梁高H≥800　a=b=90 或 100 螺栓直径=22　d=50 螺栓直径=24　d=55						

图名 TITLE	梁柱刚接节点（2）·钢梁与钢柱刚接						
审 核 APPROVED	张甫平		校 对 CHECKED	邓 斌	设 计 DESIGNED	刘凯 卓旬	图号 DRAWN No.　BC-MC-02

75

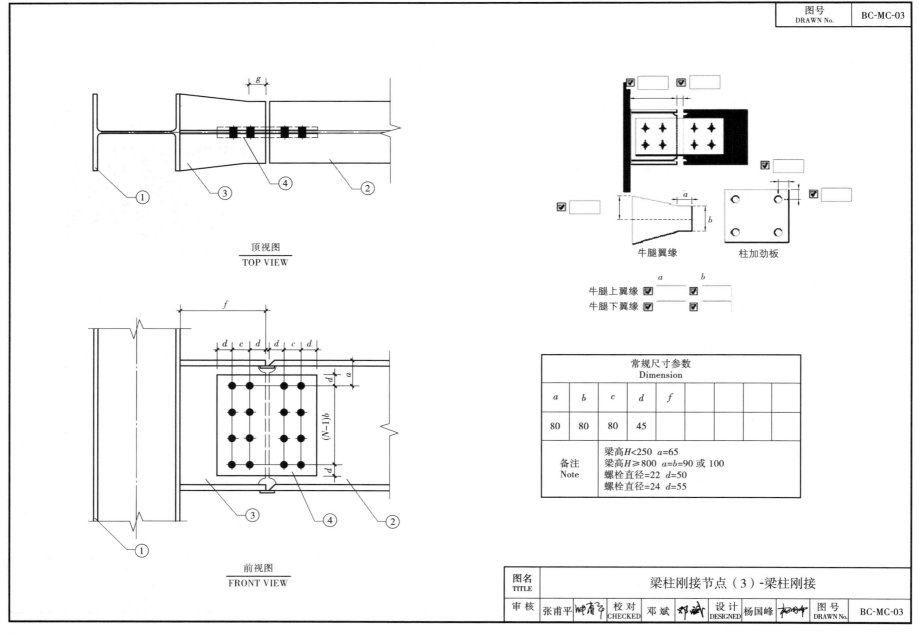

常规尺寸参数 Dimension							
a	b	c	d	f			
80	80	80	45				
备注 Note	梁高H<250 a=65 梁高H≥800 a=b=90 或 100 螺栓直径=22 d=50 螺栓直径=24 d=55						

图号 DRAWN No. BC-MC-03

顶视图 TOP VIEW

前视图 FRONT VIEW

牛腿翼缘　柱加劲板

牛腿上翼缘　牛腿下翼缘

图名 TITLE 梁柱刚接节点（3）-梁柱刚接

审核 张甫平　校对 邓斌　设计 杨国峰　图号 BC-MC-03

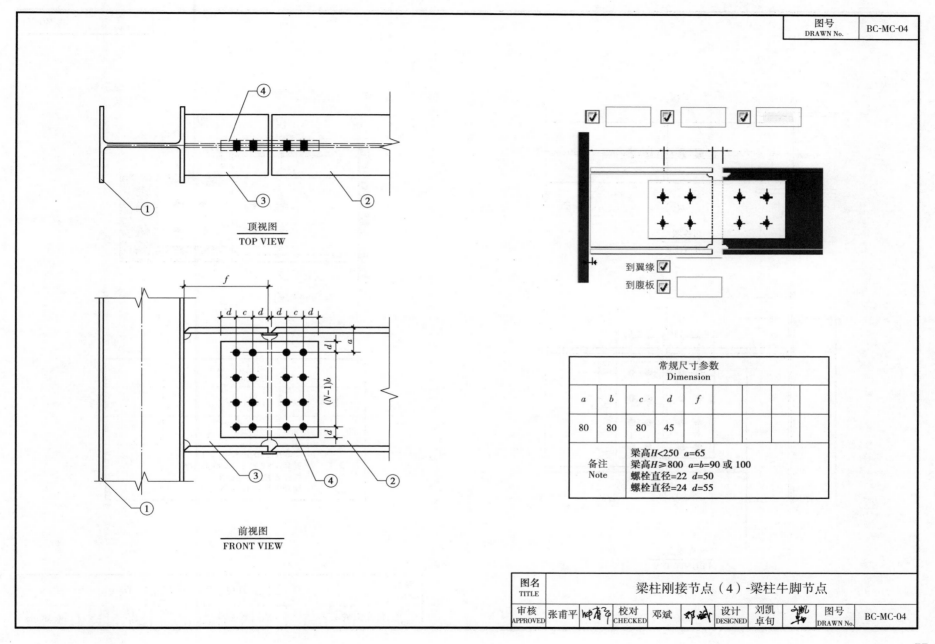

顶视图
TOP VIEW

前视图
FRONT VIEW

到翼缘 ☑
到腹板 ☑

常规尺寸参数 Dimension					
a	b	c	d	f	
80	80	80	45		
备注 Note	梁高H<250 a=65 梁高H≥800 a=b=90 或 100 螺栓直径=22 d=50 螺栓直径=24 d=55				

图名 TITLE	梁柱刚接节点（4）-梁柱牛脚节点							
审核 APPROVED	张甫平	校对 CHECKED	邓斌	设计 DESIGNED	刘凯 卓旬		图号 DRAWN No.	BC-MC-04

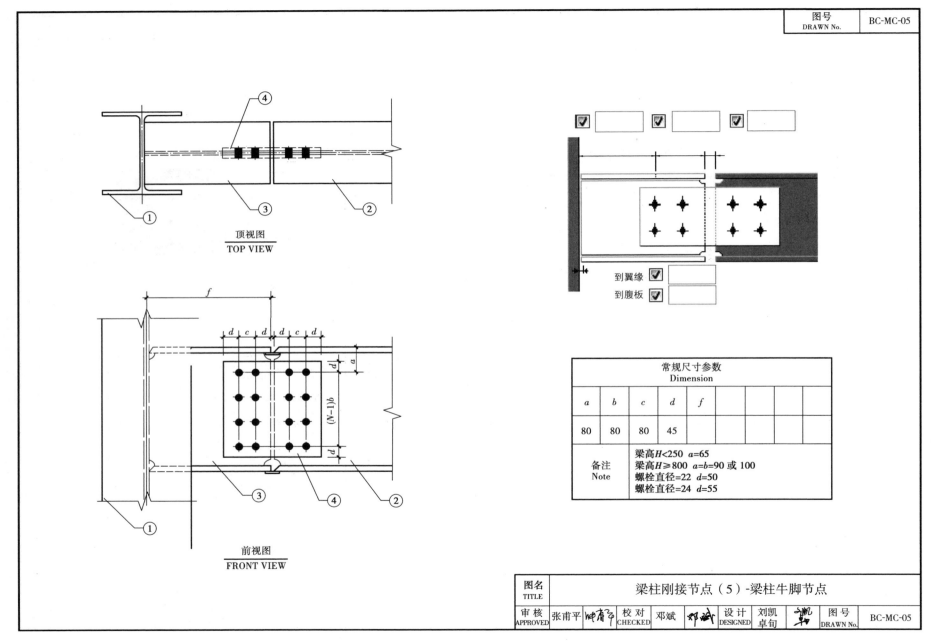

| 图号
DRAWN No. | BC-MC-05 |

顶视图
TOP VIEW

前视图
FRONT VIEW

到翼缘 ☑
到腹板 ☑

常规尺寸参数 Dimension								
a	b	c	d	f				
80	80	80	45					
备注 Note	梁高H<250 a=65 梁高H≥800 a=b=90 或 100 螺栓直径=22 d=50 螺栓直径=24 d=55							

图名 TITLE	梁柱刚接节点（5）-梁柱牛脚节点						
审 核 APPROVED	张甫平		校 对 CHECKED	邓斌		设 计 DESIGNED	刘凯 卓旬	图号 DRAWN No.	BC-MC-05

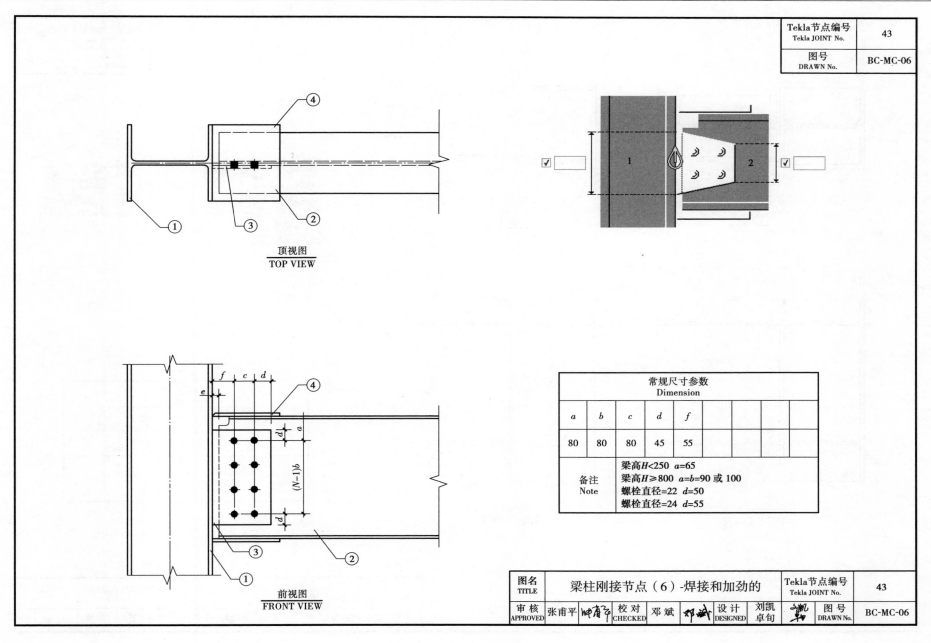

顶视图
TOP VIEW

前视图
FRONT VIEW

Tekla节点编号 Tekla JOINT No.	43
图号 DRAWN No.	BC-MC-06

常规尺寸参数 Dimension

a	b	c	d	f				
80	80	80	45	55				

备注 Note	梁高H<250 a=65 梁高H≥800 a=b=90 或 100 螺栓直径=22 d=50 螺栓直径=24 d=55

图名 TITLE	梁柱刚接节点（6）-焊接和加劲的		Tekla节点编号 Tekla JOINT No.	43
审核 APPROVED	张甫平	校对 CHECKED　邓斌	设计 DESIGNED　刘凯 卓旬	图号 DRAWN No.　BC-MC-06

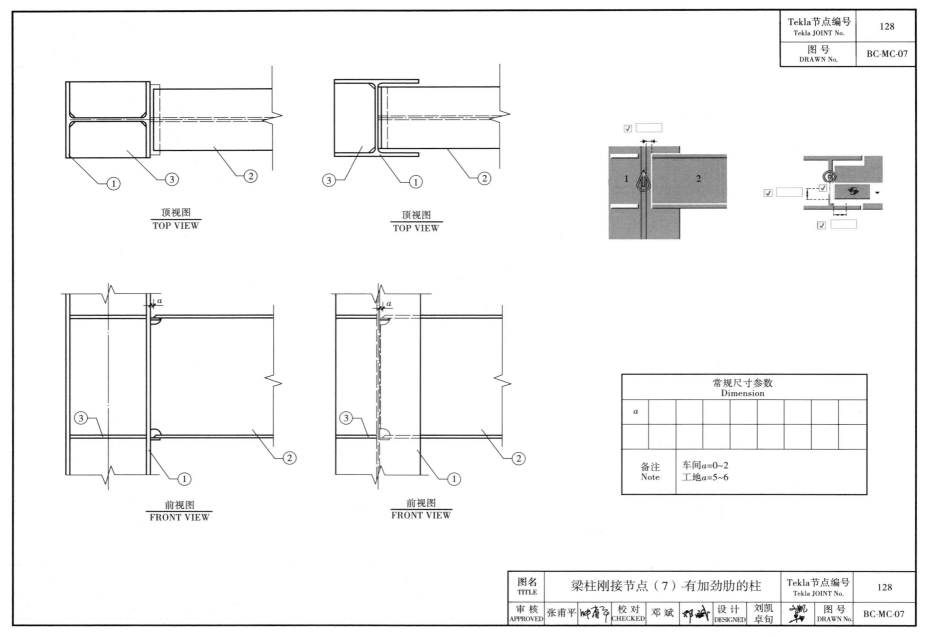

Tekla节点编号 Tekla JOINT No.	128
图号 DRAWN No.	BC-MC-07

顶视图
TOP VIEW

顶视图
TOP VIEW

前视图
FRONT VIEW

前视图
FRONT VIEW

常规尺寸参数 Dimension							
a							
备注 Note	车间*a*=0~2 工地*a*=5~6						

图名 TITLE	梁柱刚接节点（7）-有加劲肋的柱			Tekla节点编号 Tekla JOINT No.	128	
审 核 APPROVED	张甫平	校 对 CHECKED	邓斌	设 计 DESIGNED	刘凯 卓旬	图 号 DRAWN No.
						BC-MC-07

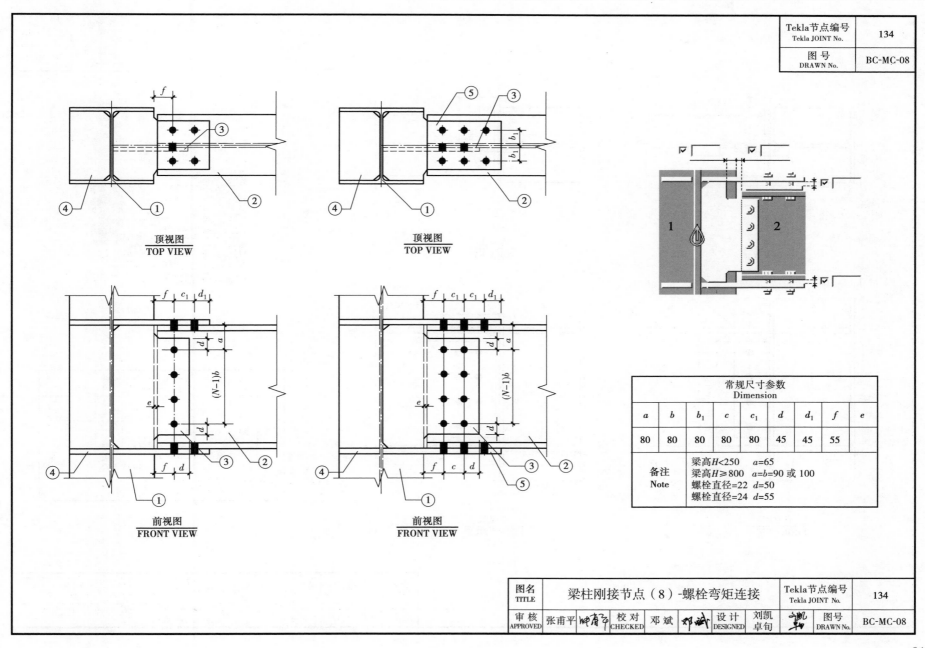

Tekla节点编号 Tekla JOINT No.	134
图号 DRAWN No.	BC-MC-08

顶视图
TOP VIEW

顶视图
TOP VIEW

前视图
FRONT VIEW

前视图
FRONT VIEW

常规尺寸参数 Dimension								
a	b	b_1	c	c_1	d	d_1	f	e
80	80	80	80	80	45	45	55	
备注 Note	梁高$H<250$　　$a=65$ 梁高$H\geqslant800$　$a=b=90$ 或 100 螺栓直径$=22$　$d=50$ 螺栓直径$=24$　$d=55$							

图名 TITLE	梁柱刚接节点（8）-螺栓弯矩连接	Tekla节点编号 Tekla JOINT No.	134
审核 APPROVED	张甫平 校对 CHECKED 邓斌 设计 DESIGNED 刘凯 卓旬	图号 DRAWN No.	BC-MC-08

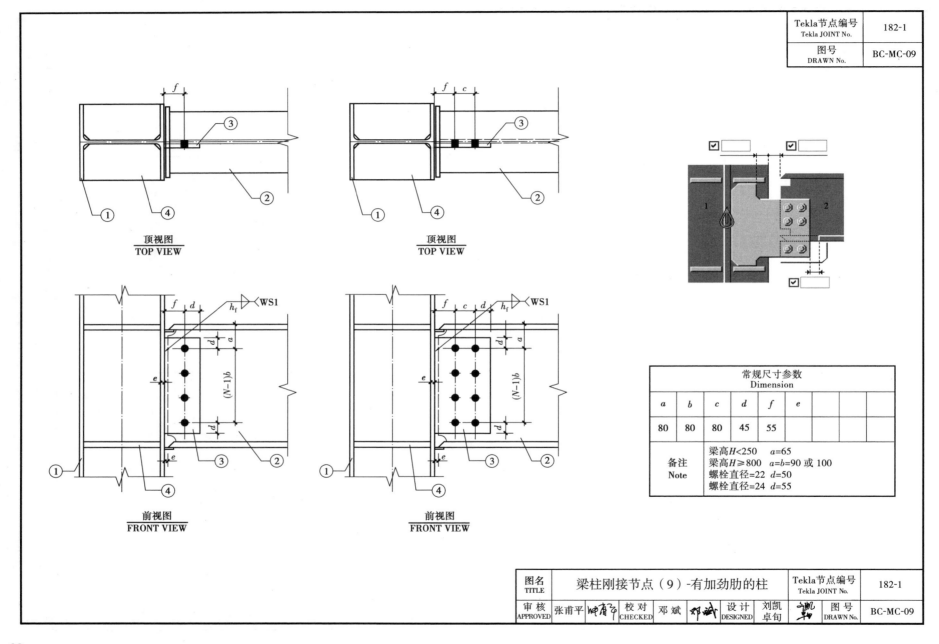

Tekla节点编号 Tekla JOINT No.	182-1
图号 DRAWN No.	BC-MC-09

顶视图
TOP VIEW

顶视图
TOP VIEW

WS1

WS1

前视图
FRONT VIEW

前视图
FRONT VIEW

常规尺寸参数 Dimension								
a	b	c	d	f	e			
80	80	80	45	55				
备注 Note	梁高$H<250$　$a=65$ 梁高$H \geqslant 800$　$a=b=90$ 或 100 螺栓直径=22　$d=50$ 螺栓直径=24　$d=55$							

图名 TITLE	梁柱刚接节点（9）-有加劲肋的柱		Tekla节点编号 Tekla JOINT No.	182-1
审核 APPROVED	张甫平	校对 CHECKED	邓斌	设计 DESIGNED	刘凯 卓旬	图号 DRAWN No.	BC-MC-09

Tekla节点编号 Tekla JOINT No.	182-2
图号 DRAWN No.	BC-MC-10

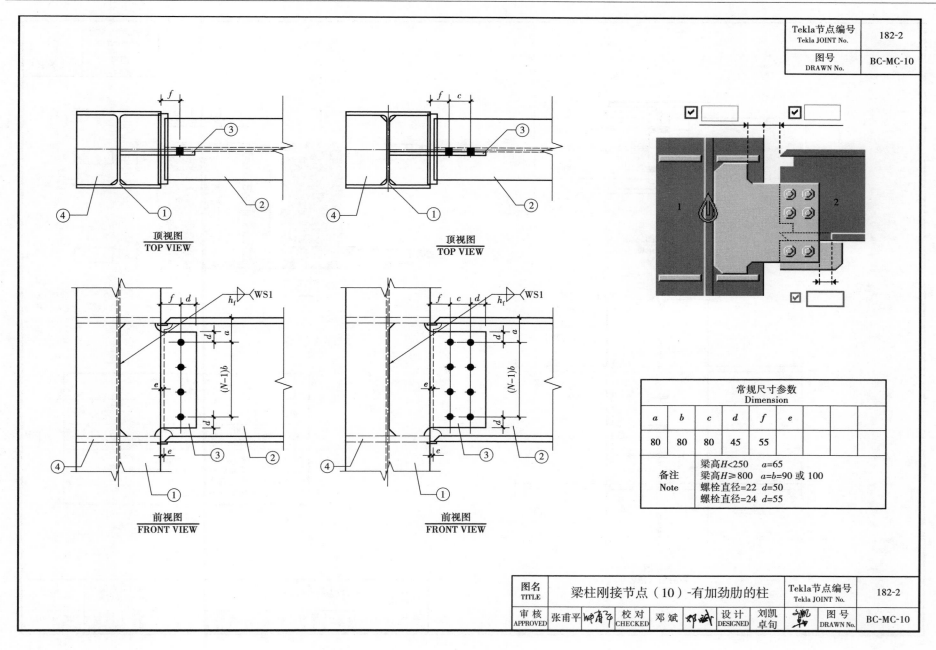

顶视图
TOP VIEW

顶视图
TOP VIEW

WS1

WS1

前视图
FRONT VIEW

前视图
FRONT VIEW

常规尺寸参数 Dimension					
a	b	c	d	f	e
80	80	80	45	55	
备注 Note	梁高$H<250$　$a=65$ 梁高$H≥800$　$a=b=90$ 或 100 螺栓直径$=22$　$d=50$ 螺栓直径$=24$　$d=55$				

图名 TITLE	梁柱刚接节点（10）-有加劲肋的柱		Tekla节点编号 Tekla JOINT No.	182-2
审核 APPROVED	张甫平	校对 CHECKED	邓斌	设计 DESIGNED	刘凯 卓旬	图号 DRAWN No.	BC-MC-10

Tekla节点编号 Tekla JOINT No.	24
图号 DRAWN No.	BC-SC-01

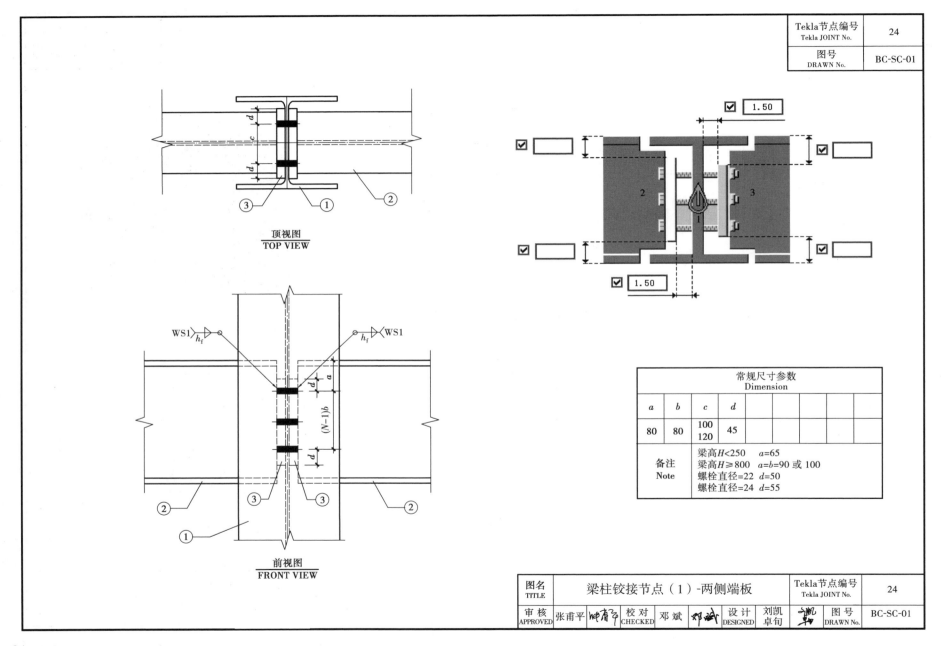

顶视图
TOP VIEW

前视图
FRONT VIEW

常规尺寸参数 Dimension						
a	b	c	d			
80	80	100 120	45			
备注 Note	梁高$H<250$　$a=65$ 梁高$H\geqslant800$　$a=b=90$ 或 100 螺栓直径$=22$ $d=50$ 螺栓直径$=24$ $d=55$					

图名 TITLE	梁柱铰接节点（1）-两侧端板						Tekla节点编号 Tekla JOINT No.	24
审 核 APPROVED	张甫平		校 对 CHECKED	邓 斌		设 计 DESIGNED	刘凯 卓旬	图 号 DRAWN No. BC-SC-01

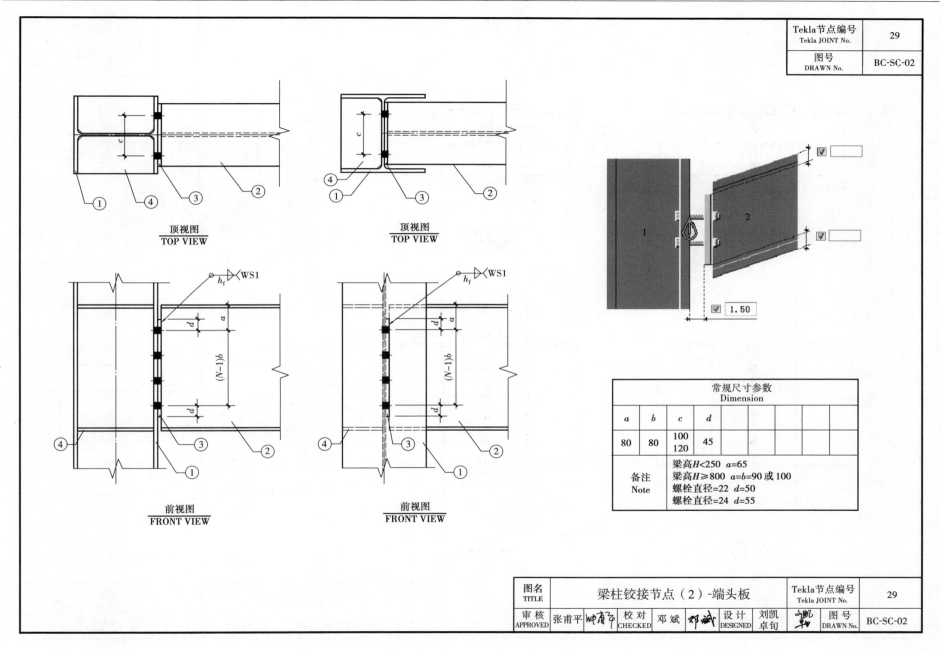

Tekla节点编号 Tekla JOINT No.	29
图号 DRAWN No.	BC-SC-02

顶视图
TOP VIEW

顶视图
TOP VIEW

前视图
FRONT VIEW

前视图
FRONT VIEW

常规尺寸参数 Dimension							
a	b	c	d				
80	80	100 120	45				
备注 Note	梁高H<250　a=65 梁高H≥800　a=b=90 或 100 螺栓直径=22　d=50 螺栓直径=24　d=55						

图名 TITLE	梁柱铰接节点（2）-端头板		Tekla节点编号 Tekla JOINT No.	29
审核 APPROVED	张甫平	校对 CHECKED	邓斌	设计 DESIGNED	刘凯 卓旬	图号 DRAWN No.	BC-SC-02

85

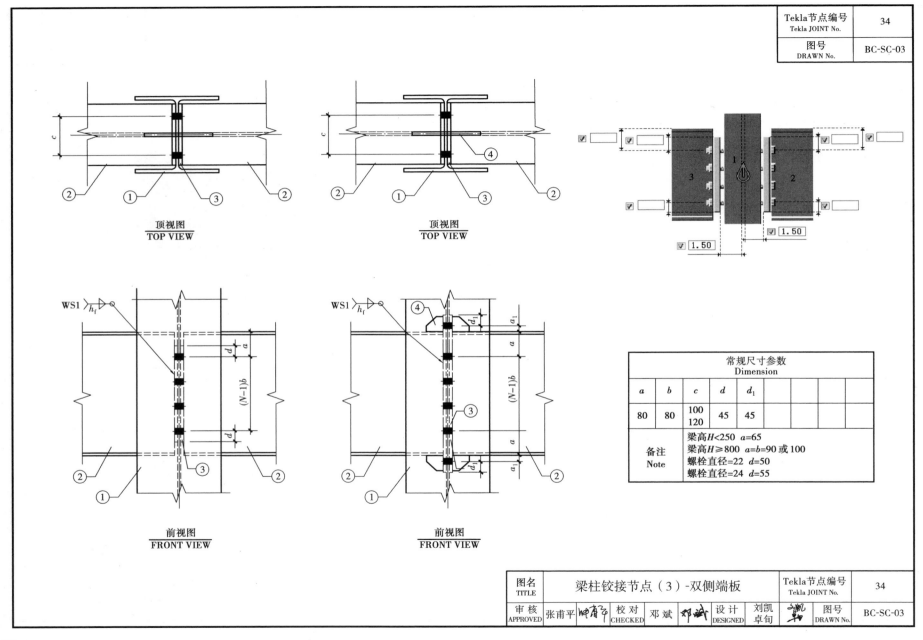

Tekla节点编号 Tekla JOINT No.	34
图号 DRAWN No.	BC-SC-03

顶视图
TOP VIEW

顶视图
TOP VIEW

前视图
FRONT VIEW

前视图
FRONT VIEW

常规尺寸参数 Dimension						
a	b	c	d	d_1		
80	80	100 120	45	45		
备注 Note	梁高$H<250$ $a=65$ 梁高$H \geq 800$ $a=b=90$ 或 100 螺栓直径=22 $d=50$ 螺栓直径=24 $d=55$					

图名 TITLE	梁柱铰接节点（3）-双侧端板						Tekla节点编号 Tekla JOINT No.	34
审核 APPROVED	张甫平	坤甫子	校对 CHECKED	邓斌	邓斌	设计 DESIGNED	刘凯 卓旬	凯 卩	图号 DRAWN No.	BC-SC-03

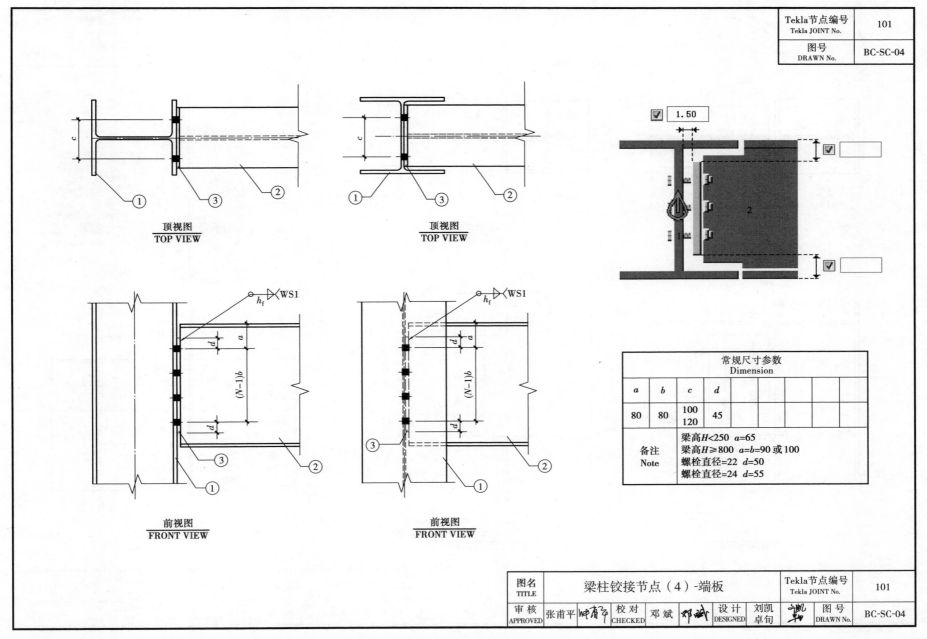

Tekla节点编号 Tekla JOINT No.	101
图号 DRAWN No.	BC-SC-04

顶视图
TOP VIEW

顶视图
TOP VIEW

前视图
FRONT VIEW

前视图
FRONT VIEW

常规尺寸参数 Dimension							
a	*b*	*c*	*d*				
80	80	100 120	45				
备注 Note	梁高*H*<250　*a*=65 梁高*H*≥800　*a*=*b*=90 或 100 螺栓直径=22　*d*=50 螺栓直径=24　*d*=55						

图名 TITLE	梁柱铰接节点（4）-端板		Tekla节点编号 Tekla JOINT No.	101
审核 APPROVED	张甫平	校对 CHECKED 邓斌	设计 DESIGNED 刘凯 卓旬	图号 DRAWN No. BC-SC-04

87

Tekla节点编号 Tekla JOINT No.	131
图号 DRAWN No.	BC-SC-05

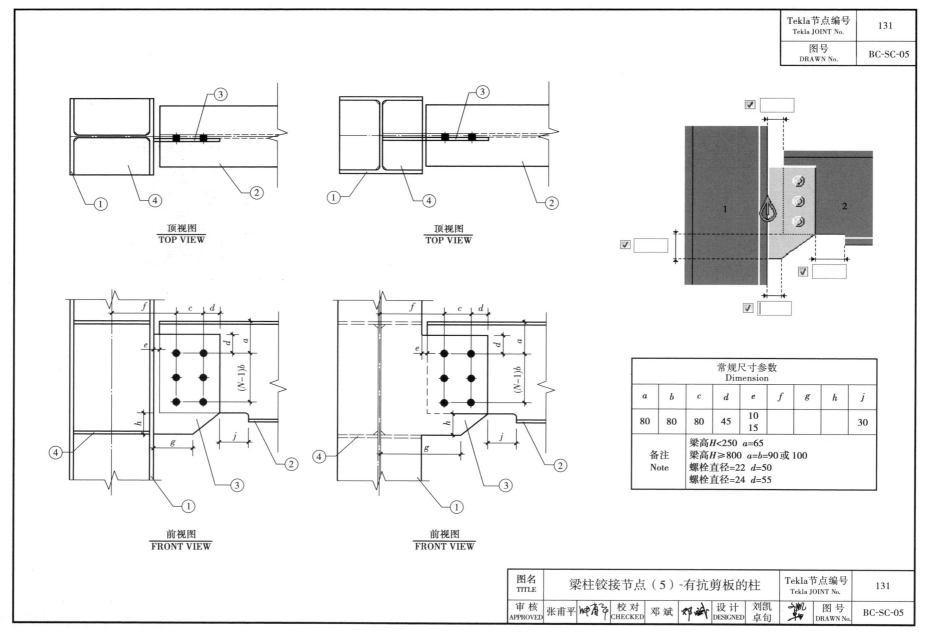

顶视图
TOP VIEW

顶视图
TOP VIEW

前视图
FRONT VIEW

前视图
FRONT VIEW

常规尺寸参数 Dimension								
a	b	c	d	e	f	g	h	j
80	80	80	45	10 15				30
备注 Note	梁高H<250 a=65 梁高H≥800 a=b=90或100 螺栓直径=22 d=50 螺栓直径=24 d=55							

图名 TITLE	梁柱铰接节点（5）-有抗剪板的柱	Tekla节点编号 Tekla JOINT No.	131
审核 APPROVED	张甫平	校对 CHECKED	邓斌	设计 DESIGNED	刘凯 卓旬	图号 DRAWN No.	BC-SC-05

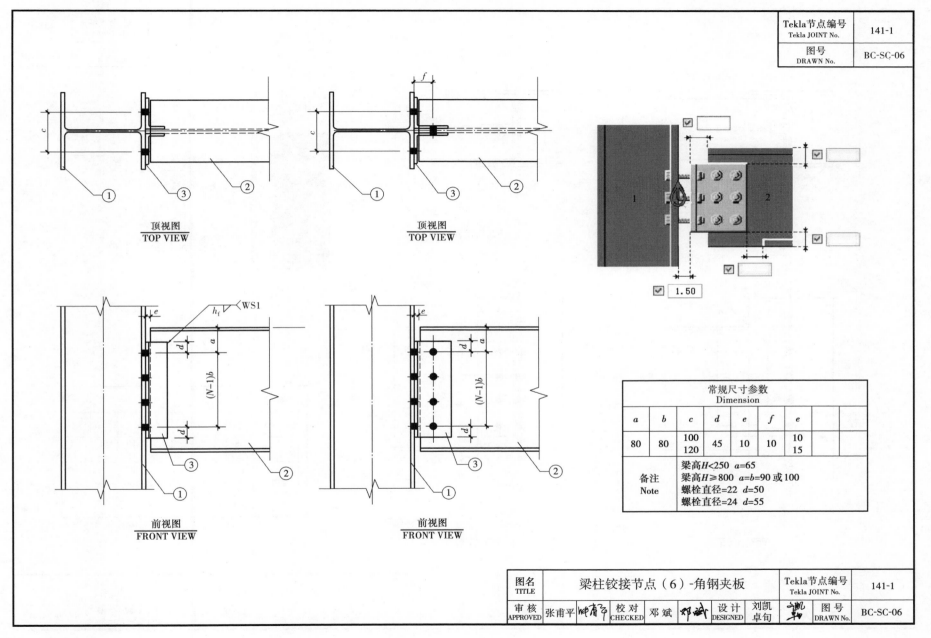

Tekla节点编号 Tekla JOINT No.	141-1
图号 DRAWN No.	BC-SC-06

顶视图
TOP VIEW

顶视图
TOP VIEW

WS1

前视图
FRONT VIEW

前视图
FRONT VIEW

常规尺寸参数 Dimension						
a	b	c	d	e	f	e
80	80	100 120	45	10	10	10 15
备注 Note	梁高H<250　a=65 梁高H≥800　a=b=90 或100 螺栓直径=22　d=50 螺栓直径=24　d=55					

图名 TITLE	梁柱铰接节点（6）-角钢夹板	Tekla节点编号 Tekla JOINT No.	141-1
审核 APPROVED	张甫平	校对 CHECKED	邓斌	设计 DESIGNED	刘凯 卓旬	图号 DRAWN No.	BC-SC-06

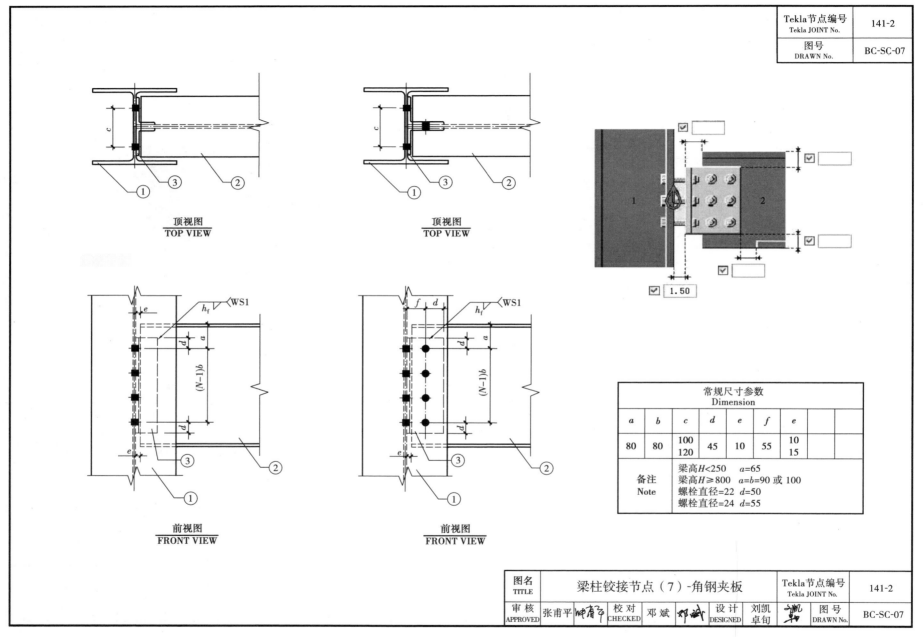

Tekla节点编号 Tekla JOINT No.	141-2
图号 DRAWN No.	BC-SC-07

顶视图
TOP VIEW

顶视图
TOP VIEW

前视图
FRONT VIEW

前视图
FRONT VIEW

常规尺寸参数 Dimension								
a	b	c	d	e	f	e		
80	80	100 120	45	10	55	10 15		
备注 Note	梁高H<250　a=65 梁高$H \geqslant 800$　a=b=90 或 100 螺栓直径=22　d=50 螺栓直径=24　d=55							

图名 TITLE	梁柱铰接节点（7）-角钢夹板	Tekla节点编号 Tekla JOINT No.	141-2
审核 APPROVED	张甫平	校对 CHECKED	邓斌	设计 DESIGNED	刘凯 卓旬	图号 DRAWN No.	BC-SC-07

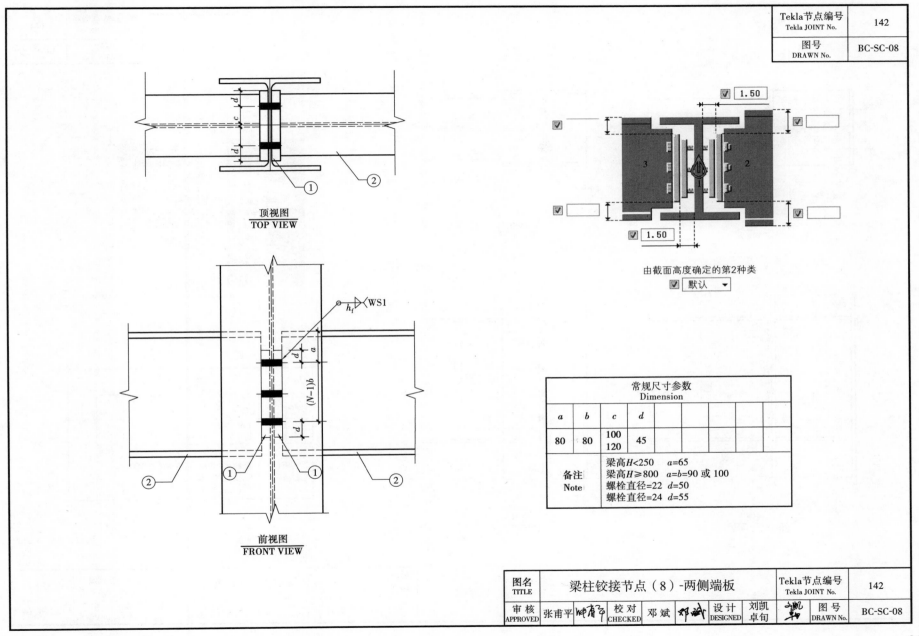

顶视图
TOP VIEW

由截面高度确定的第2种类
☑ 默认 ▼

前视图
FRONT VIEW

常规尺寸参数 Dimension

a	b	c	d				
80	80	100 120	45				

备注
Note:
梁高 $H<250$　$a=65$
梁高 $H≥800$　$a=b=90$ 或 100
螺栓直径=22　$d=50$
螺栓直径=24　$d=55$

图名 TITLE	梁柱铰接节点（8）-两侧端板	Tekla节点编号 Tekla JOINT No.	142
审核 APPROVED	张甫平	校对 CHECKED	邓斌	设计 DESIGNED	刘凯 卓旬	图号 DRAWN No.	BC-SC-08

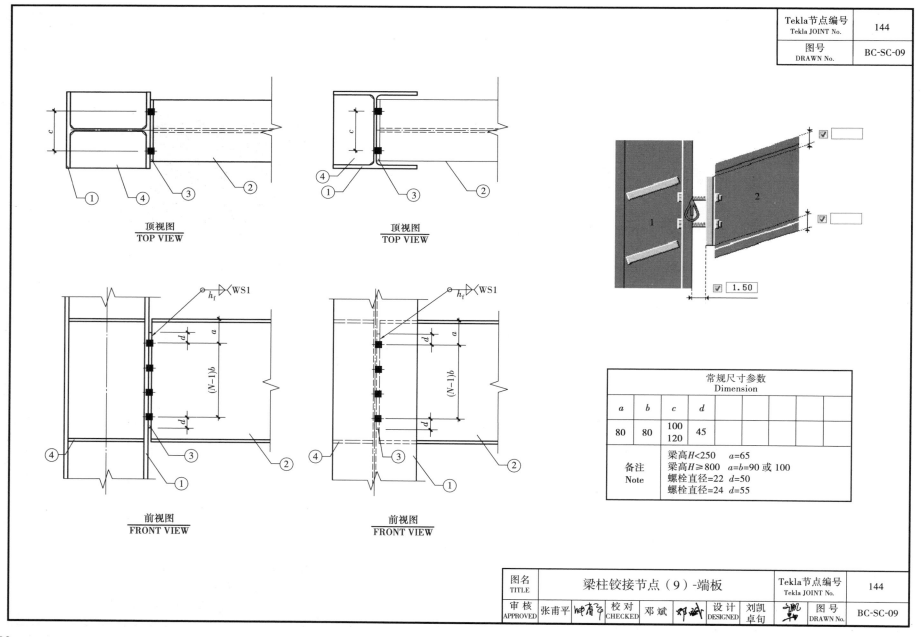

Tekla节点编号 Tekla JOINT No.	144
图号 DRAWN No.	BC-SC-09

顶视图
TOP VIEW

顶视图
TOP VIEW

前视图
FRONT VIEW

前视图
FRONT VIEW

常规尺寸参数 Dimension							
a	b	c	d				
80	80	100 120	45				
备注 Note	梁高$H<250$　　$a=65$ 梁高$H\geqslant800$　$a=b=90$ 或 100 螺栓直径=22　$d=50$ 螺栓直径=24　$d=55$						

图名 TITLE	梁柱铰接节点（9）-端板		Tekla节点编号 Tekla JOINT No.	144
审核 APPROVED	张甫平	校对 CHECKED	邓斌	设计 DESIGNED	刘凯 卓旬	图号 DRAWN No.	BC-SC-09

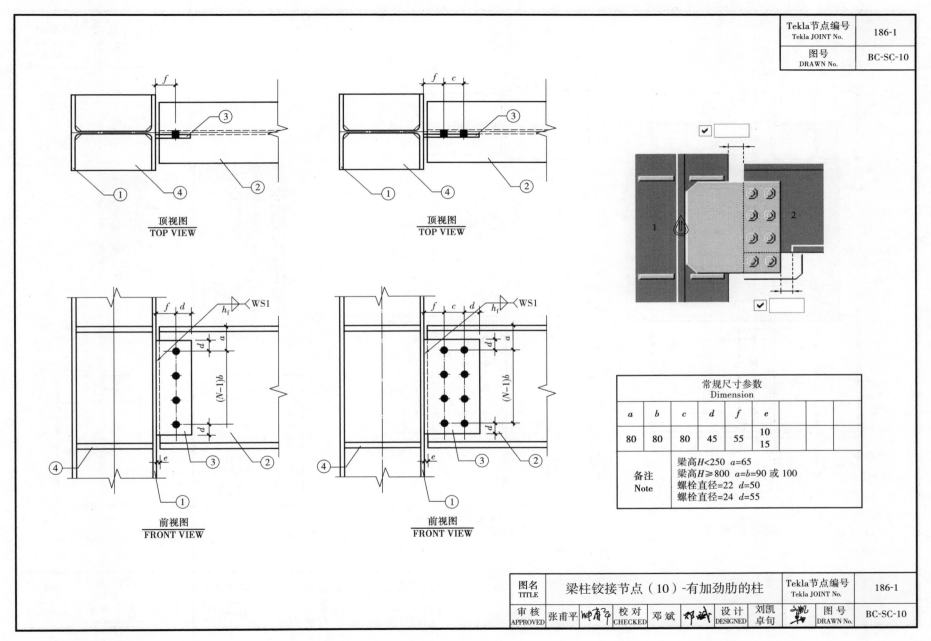

Tekla节点编号 Tekla JOINT No.	186-1
图号 DRAWN No.	BC-SC-10

顶视图
TOP VIEW

顶视图
TOP VIEW

前视图
FRONT VIEW

前视图
FRONT VIEW

常规尺寸参数 Dimension							
a	b	c	d	f	e		
80	80	80	45	55	10 15		
备注 Note	梁高$H<250$　$a=65$ 梁高$H\geqslant800$　$a=b=90$ 或 100 螺栓直径$=22$　$d=50$ 螺栓直径$=24$　$d=55$						

图名 TITLE	梁柱铰接节点（10）-有加劲肋的柱	Tekla节点编号 Tekla JOINT No.	186-1
审核 APPROVED	张甫平	校对 CHECKED	邓斌	设计 DESIGNED	刘凯 卓甸	图号 DRAWN No.	BC-SC-10

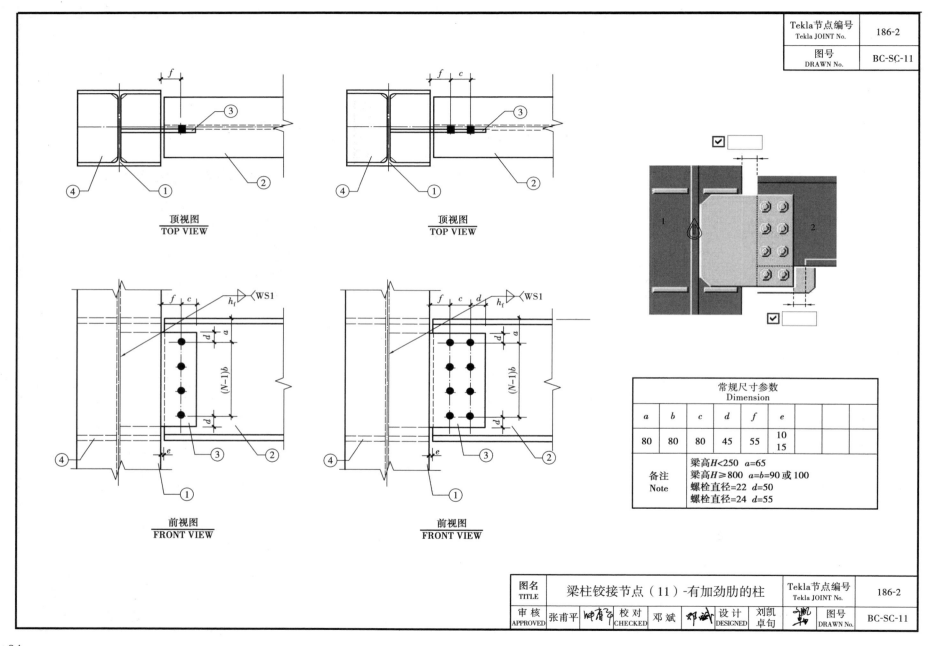

Tekla节点编号 Tekla JOINT No.	186-2
图号 DRAWN No.	BC-SC-11

顶视图
TOP VIEW

顶视图
TOP VIEW

前视图
FRONT VIEW

前视图
FRONT VIEW

常规尺寸参数 Dimension					
a	b	c	d	f	e
80	80	80	45	55	10 15
备注 Note	梁高$H<250$ $a=65$ 梁高$H \geqslant 800$ $a=b=90$或100 螺栓直径=22 $d=50$ 螺栓直径=24 $d=55$				

图名 TITLE	梁柱铰接节点（11）-有加劲肋的柱	Tekla节点编号 Tekla JOINT No.	186-2
审核 APPROVED	张甫平	校对 CHECKED	邓斌	设计 DESIGNED	刘凯 卓旬	图号 DRAWN No.	BC-SC-11

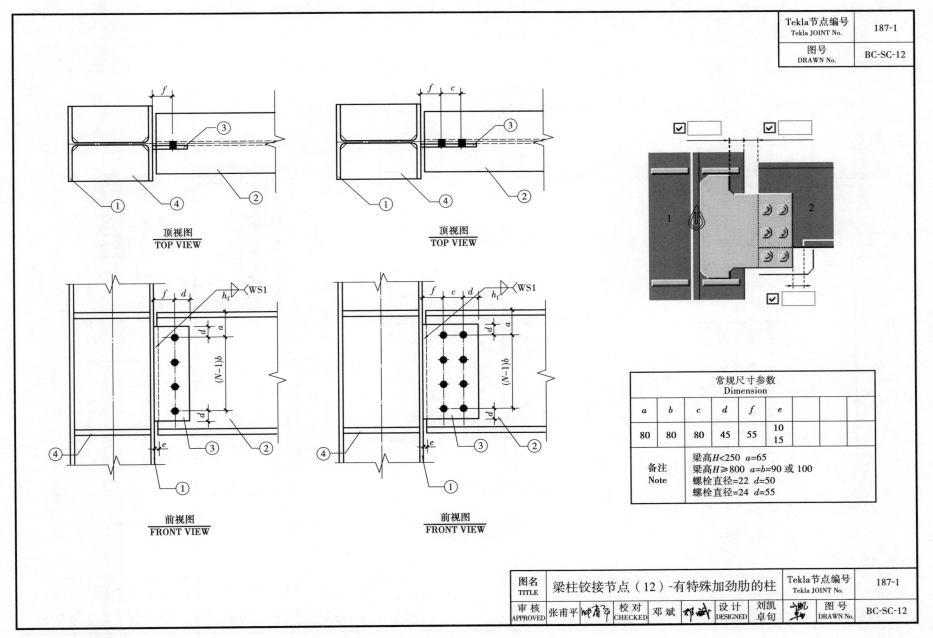

Tekla节点编号 Tekla JOINT No.	187-1
图号 DRAWN No.	BC-SC-12

顶视图
TOP VIEW

顶视图
TOP VIEW

前视图
FRONT VIEW

前视图
FRONT VIEW

常规尺寸参数 Dimension							
a	b	c	d	f	e		
80	80	80	45	55	10 15		
备注 Note	梁高H<250 a=65 梁高H≥800 a=b=90 或 100 螺栓直径=22 d=50 螺栓直径=24 d=55						

图名 TITLE	梁柱铰接节点（12）-有特殊加劲肋的柱	Tekla节点编号 Tekla JOINT No.	187-1
审核 APPROVED	张甫平	校对 CHECKED	邓斌	设计 DESIGNED	刘凯 卓旬	图号 DRAWN No.	BC-SC-12

95

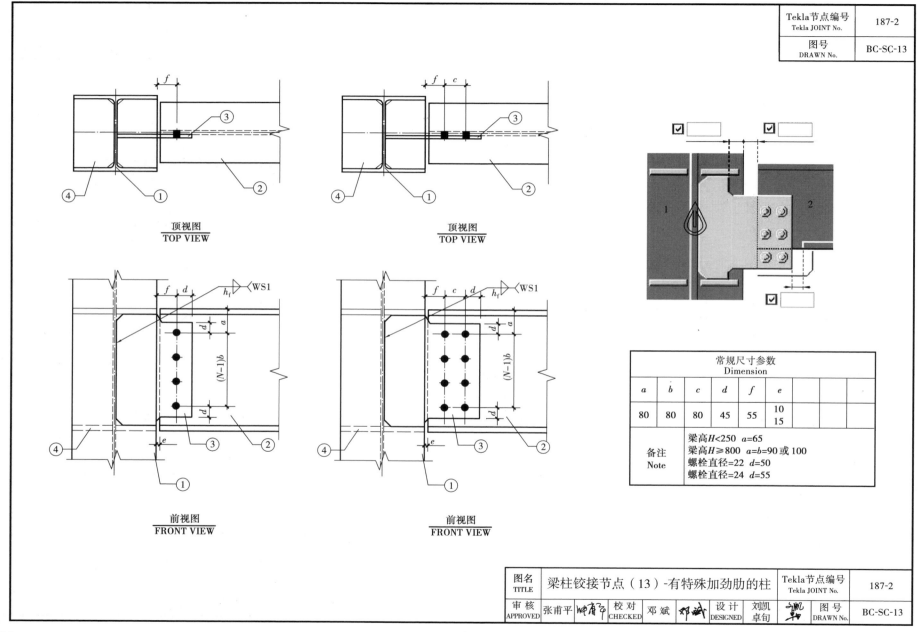

Tekla节点编号 Tekla JOINT No.	187-2
图号 DRAWN No.	BC-SC-13

顶视图
TOP VIEW

顶视图
TOP VIEW

前视图
FRONT VIEW

前视图
FRONT VIEW

常规尺寸参数 Dimension							
a	b	c	d	f	e		
80	80	80	45	55	10 15		
备注 Note	梁高$H<250$ $a=65$ 梁高$H \geqslant 800$ $a=b=90$或100 螺栓直径$=22$ $d=50$ 螺栓直径$=24$ $d=55$						

图名 TITLE	梁柱铰接节点（13）-有特殊加劲肋的柱	Tekla节点编号 Tekla JOINT No.	187-2
审核 APPROVED	张甫平	校对 CHECKED	邓斌	设计 DESIGNED	刘凯 卓旬	图号 DRAWN No.	BC-SC-13

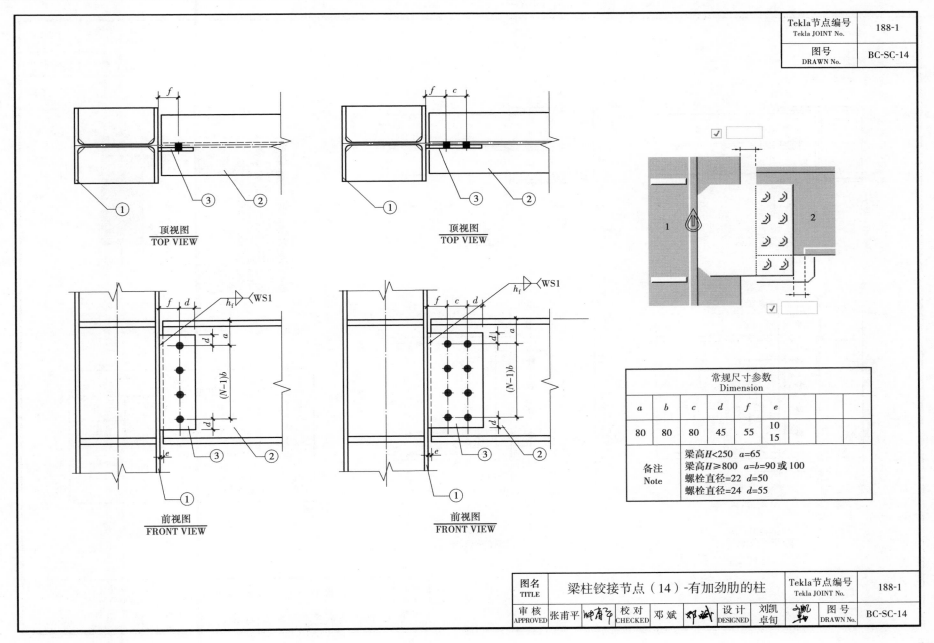

顶视图
TOP VIEW

顶视图
TOP VIEW

前视图
FRONT VIEW

前视图
FRONT VIEW

WS1

WS1

常规尺寸参数 Dimension						
a	b	c	d	f	e	
80	80	80	45	55	10 15	
备注 Note	梁高H<250 a=65 梁高H≥800 a=b=90或100 螺栓直径=22 d=50 螺栓直径=24 d=55					

图名 TITLE	梁柱铰接节点（14）-有加劲肋的柱					Tekla节点编号 Tekla JOINT No.	188-1
审 核 APPROVED	张甫平		校 对 CHECKED	邓 斌	设 计 DESIGNED	刘凯 卓旬	图 号 DRAWN No.	BC-SC-14

97

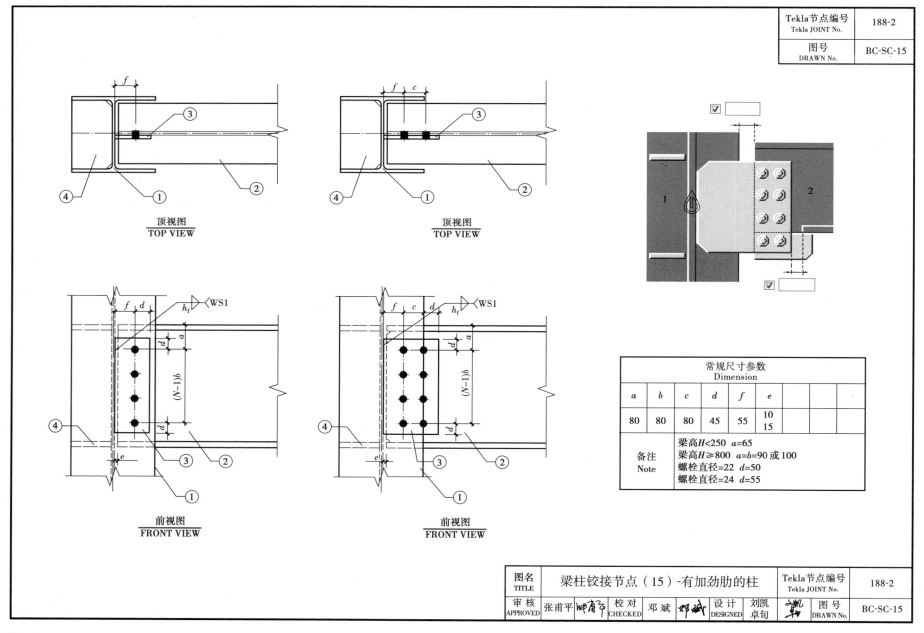

Tekla节点编号 Tekla JOINT No.	188-2
图号 DRAWN No.	BC-SC-15

顶视图
TOP VIEW

顶视图
TOP VIEW

前视图
FRONT VIEW

前视图
FRONT VIEW

常规尺寸参数 Dimension							
a	*b*	*c*	*d*	*f*	*e*		
80	80	80	45	55	10 15		
备注 Note	梁高*H*<250 *a*=65 梁高*H*≥800 *a*=*b*=90 或 100 螺栓直径=22 *d*=50 螺栓直径=24 *d*=55						

图名 TITLE	梁柱铰接节点（15）-有加劲肋的柱	Tekla节点编号 Tekla JOINT No.	188-2
审核 APPROVED	张甫平	校对 CHECKED	邓斌	设计 DESIGNED	刘凯 卓旬	图号 DRAWN No.	BC-SC-15

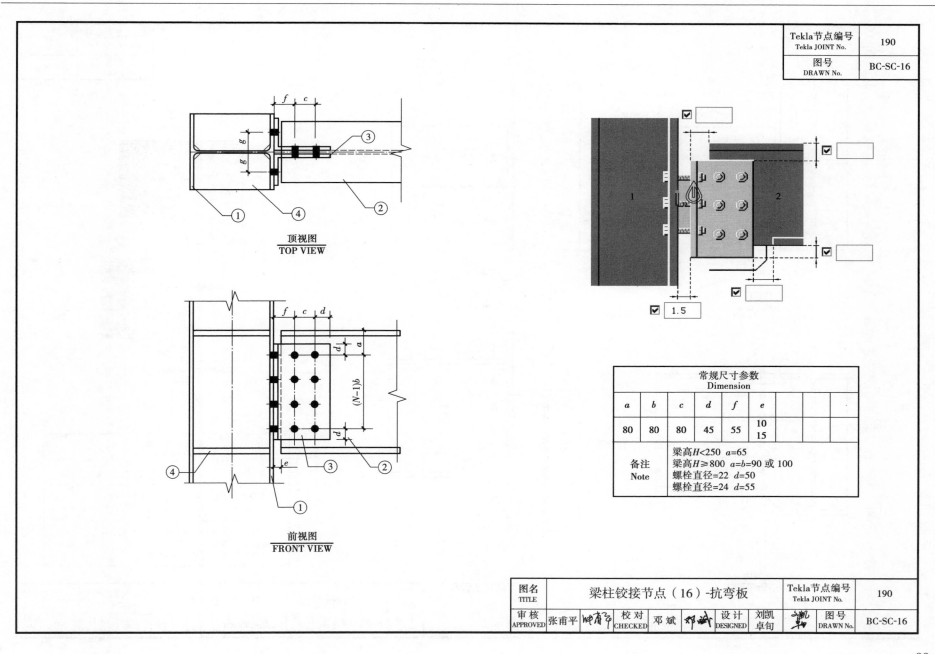

Tekla节点编号 Tekla JOINT No.	190
图号 DRAWN No.	BC-SC-16

顶视图
TOP VIEW

前视图
FRONT VIEW

1.5

常规尺寸参数 Dimension					
a	b	c	d	f	e
80	80	80	45	55	10 15
备注 Note	梁高H<250 a=65 梁高H≥800 a=b=90 或 100 螺栓直径=22 d=50 螺栓直径=24 d=55				

图名 TITLE	梁柱铰接节点（16）-抗弯板	Tekla节点编号 Tekla JOINT No.	190
审核 APPROVED	张甫平	校对 CHECKED	邓斌	设计 DESIGNED	刘凯 卓旬	图号 DRAWN No.	BC-SC-16

99

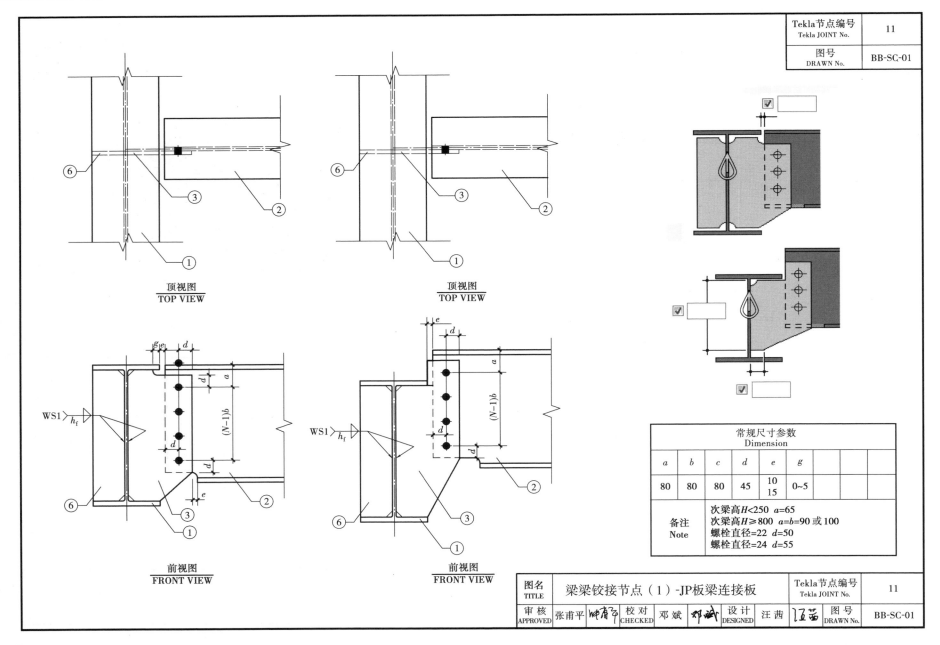

Tekla节点编号 Tekla JOINT No.	11
图号 DRAWN No.	BB-SC-01

顶视图
TOP VIEW

顶视图
TOP VIEW

WS1 h_f

$(N-1)b$

WS1 h_f

$(N-1)b$

前视图
FRONT VIEW

前视图
FRONT VIEW

常规尺寸参数 Dimension							
a	b	c	d	e	g		
80	80	80	45	10 15	0~5		
备注 Note	次梁高H<250 a=65 次梁高H≥800 a=b=90 或 100 螺栓直径=22 d=50 螺栓直径=24 d=55						

图名 TITLE	梁梁铰接节点（1）-JP板梁连接板	Tekla节点编号 Tekla JOINT No.	11
审核 APPROVED	张甫平	校对 CHECKED	邓斌	设计 DESIGNED	汪茜	图号 DRAWN No.	BB-SC-01

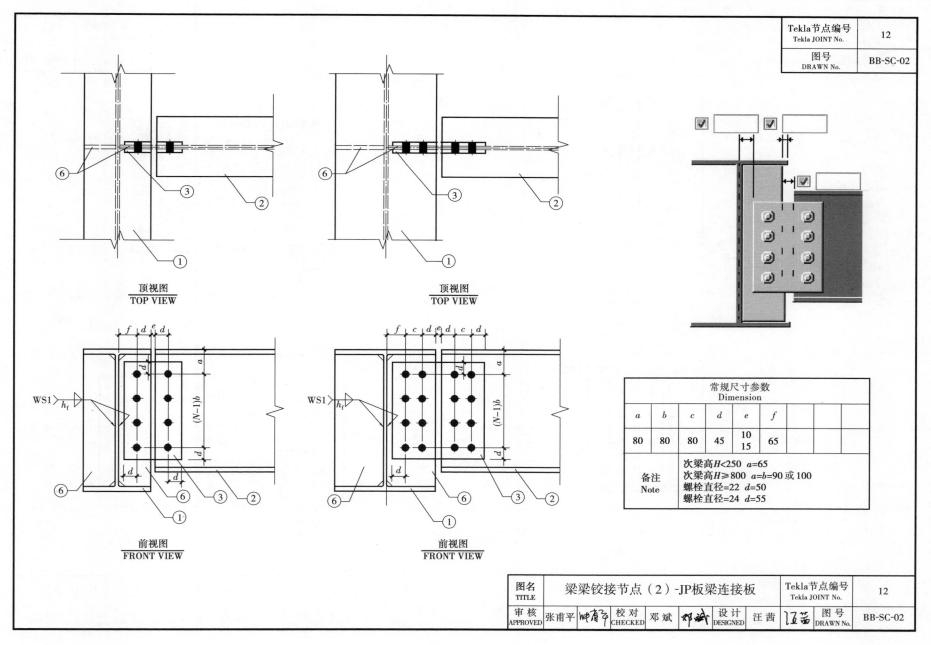

顶视图
TOP VIEW

顶视图
TOP VIEW

前视图
FRONT VIEW

前视图
FRONT VIEW

常规尺寸参数 Dimension

a	b	c	d	e	f		
80	80	80	45	10 15	65		

备注 Note	次梁高$H<250$　$a=65$ 次梁高$H \geqslant 800$　$a=b=90$或100 螺栓直径=22　$d=50$ 螺栓直径=24　$d=55$

图名 TITLE	梁梁铰接节点（2）-JP板梁连接板	Tekla节点编号 Tekla JOINT No.	12
审 核 APPROVED	张甫平	校 对 CHECKED	邓斌	设 计 DESIGNED	汪茜	图号 DRAWN No.	BB-SC-02

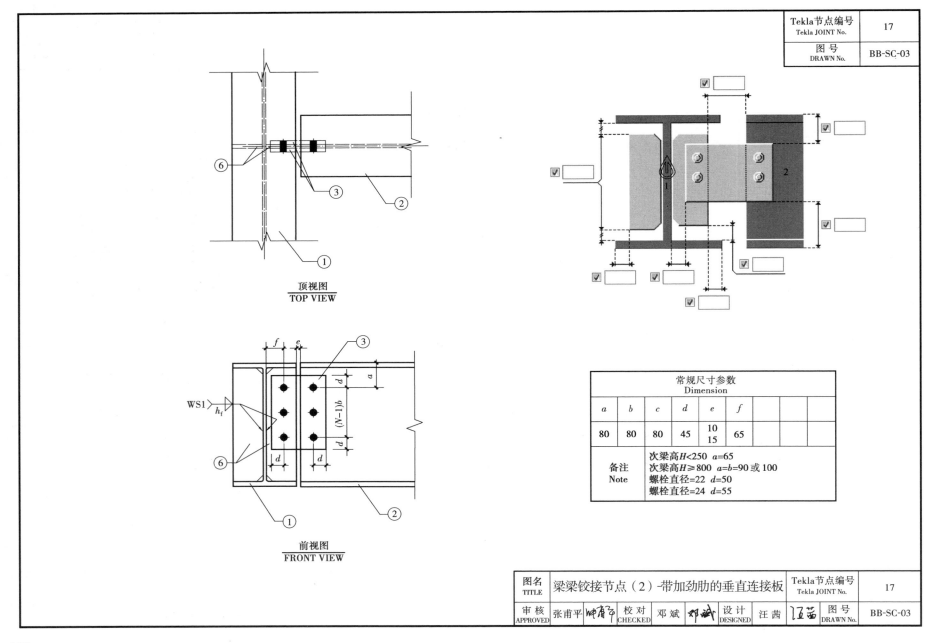

Tekla节点编号 Tekla JOINT No.	17
图 号 DRAWN No.	BB-SC-03

顶视图
TOP VIEW

前视图
FRONT VIEW

常规尺寸参数
Dimension

a	b	c	d	e	f
80	80	80	45	10 15	65

备注 Note	次梁高H<250 a=65 次梁高H≥800 a=b=90 或 100 螺栓直径=22 d=50 螺栓直径=24 d=55

图名 TITLE	梁梁铰接节点（2）-带加劲肋的垂直连接板	Tekla节点编号 Tekla JOINT No.	17
审 核 APPROVED	张甫平	校 对 CHECKED	邓斌	设 计 DESIGNED	汪茜	图 号 DRAWN No.	BB-SC-03

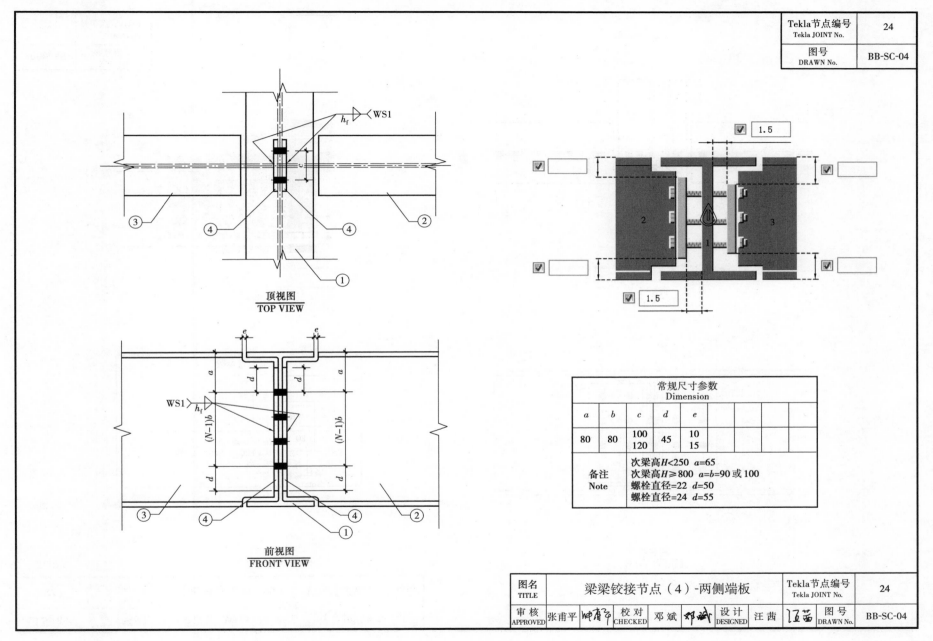

Tekla节点编号 Tekla JOINT No.	24
图号 DRAWN No.	BB-SC-04

顶视图
TOP VIEW

前视图
FRONT VIEW

常规尺寸参数 Dimension							
a	b	c	d	e			
80	80	100 120	45	10 15			
备注 Note	次梁高H<250　a=65 次梁高H≥800　a=b=90 或 100 螺栓直径=22　d=50 螺栓直径=24　d=55						

图名 TITLE	梁梁铰接节点（4）-两侧端板	Tekla节点编号 Tekla JOINT No.	24
审 核 APPROVED	张甫平	校 对 CHECKED	邓斌	设 计 DESIGNED	汪茜	图号 DRAWN No.	BB-SC-04

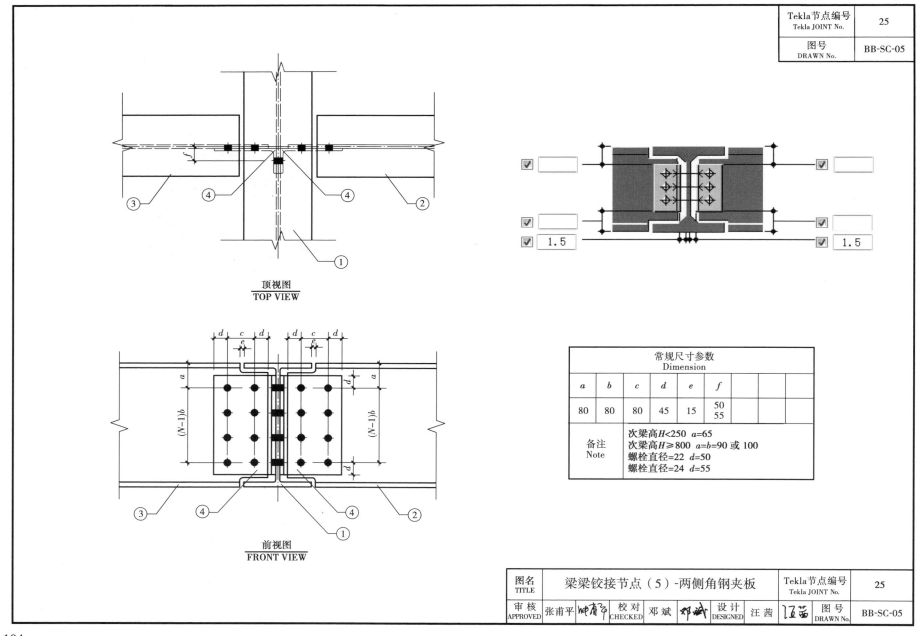

顶视图
TOP VIEW

1.5   1.5

常规尺寸参数 Dimension							
a	b	c	d	e	f		
80	80	80	45	15	50 55		
备注 Note	次梁高H<250 a=65 次梁高H≥800 a=b=90 或 100 螺栓直径=22 d=50 螺栓直径=24 d=55						

前视图
FRONT VIEW

图名 TITLE	梁梁铰接节点（5）-两侧角钢夹板	Tekla节点编号 Tekla JOINT No.	25
审核 APPROVED	张甫平	校对 CHECKED	邓斌	设计 DESIGNED	汪茜	图号 DRAWN No.	BB-SC-05

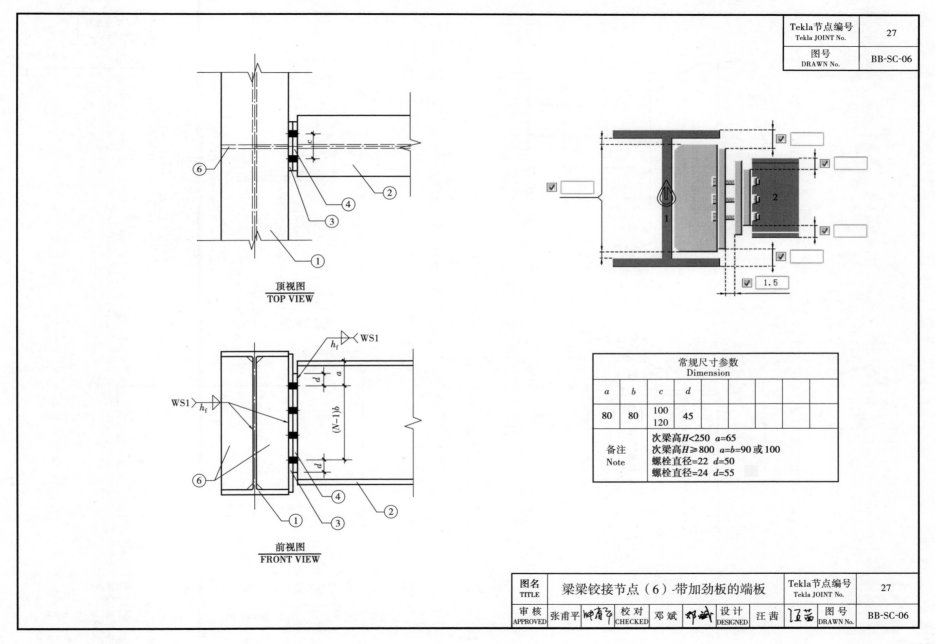

顶视图
TOP VIEW

前视图
FRONT VIEW

常规尺寸参数 Dimension						
a	b	c	d			
80	80	100 120	45			
备注 Note	次梁高H<250 a=65 次梁高H≥800 a=b=90 或 100 螺栓直径=22 d=50 螺栓直径=24 d=55					

图名 TITLE	梁梁铰接节点（6）-带加劲板的端板			Tekla节点编号 Tekla JOINT No.	27
审 核 APPROVED	张甫平	校 对 CHECKED	邓斌	设 计 DESIGNED	汪茜	图 号 DRAWN No.	BB-SC-06

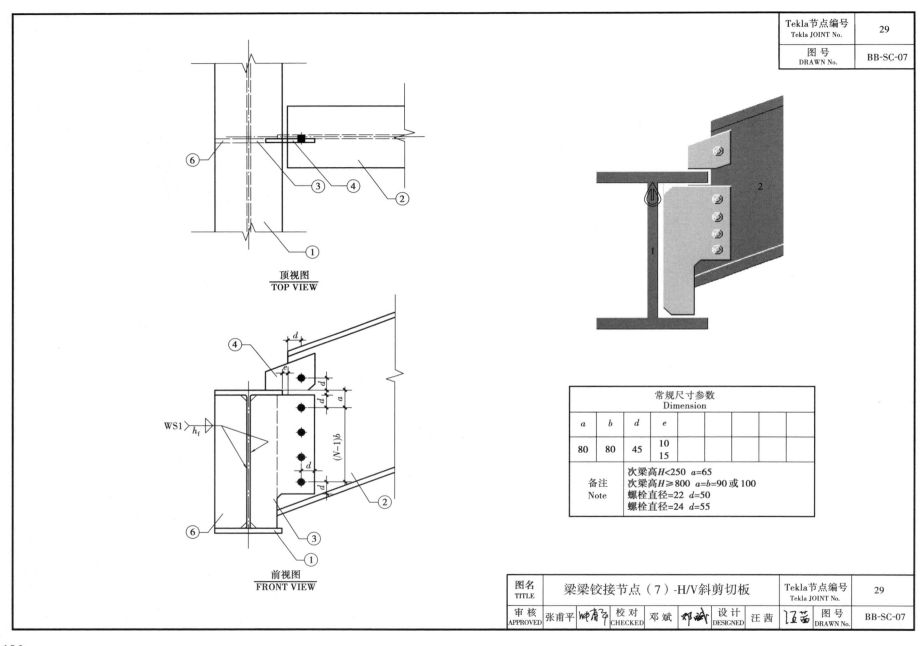

Tekla节点编号 Tekla JOINT No.	29
图号 DRAWN No.	BB-SC-07

顶视图
TOP VIEW

前视图
FRONT VIEW

常规尺寸参数 Dimension						
a	b	d	e			
80	80	45	10 15			
备注 Note	次梁高$H<250$ $a=65$ 次梁高$H \geqslant 800$ $a=b=90$或100 螺栓直径=22 $d=50$ 螺栓直径=24 $d=55$					

图名 TITLE	梁梁铰接节点（7）-H/V斜剪切板	Tekla节点编号 Tekla JOINT No.	29
审核 APPROVED	张甫平	校对 CHECKED	邓斌	设计 DESIGNED	汪茜	图号 DRAWN No.	BB-SC-07

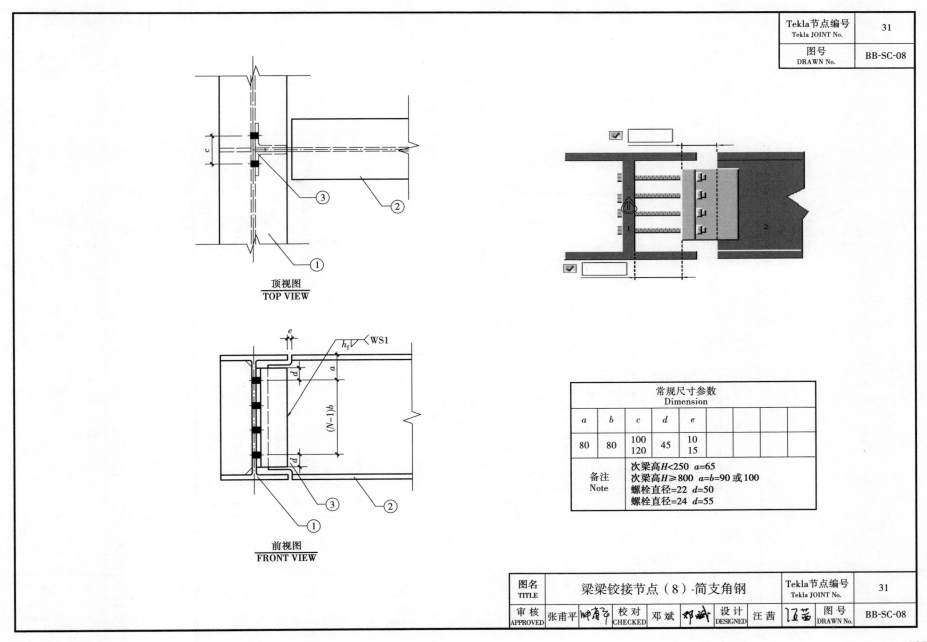

Tekla节点编号 Tekla JOINT No.	31
图号 DRAWN No.	BB-SC-08

顶视图
TOP VIEW

前视图
FRONT VIEW

WS1

常规尺寸参数
Dimension

a	b	c	d	e			
80	80	100 120	45	10 15			

备注 Note	次梁高H<250 a=65 次梁高H≥800 a=b=90 或 100 螺栓直径=22 d=50 螺栓直径=24 d=55

图名 TITLE	梁梁铰接节点（8）-简支角钢	Tekla节点编号 Tekla JOINT No.	31
审核 APPROVED	张甫平	校对 CHECKED	邓斌	设计 DESIGNED	汪茜	图号 DRAWN No.	BB-SC-08

107

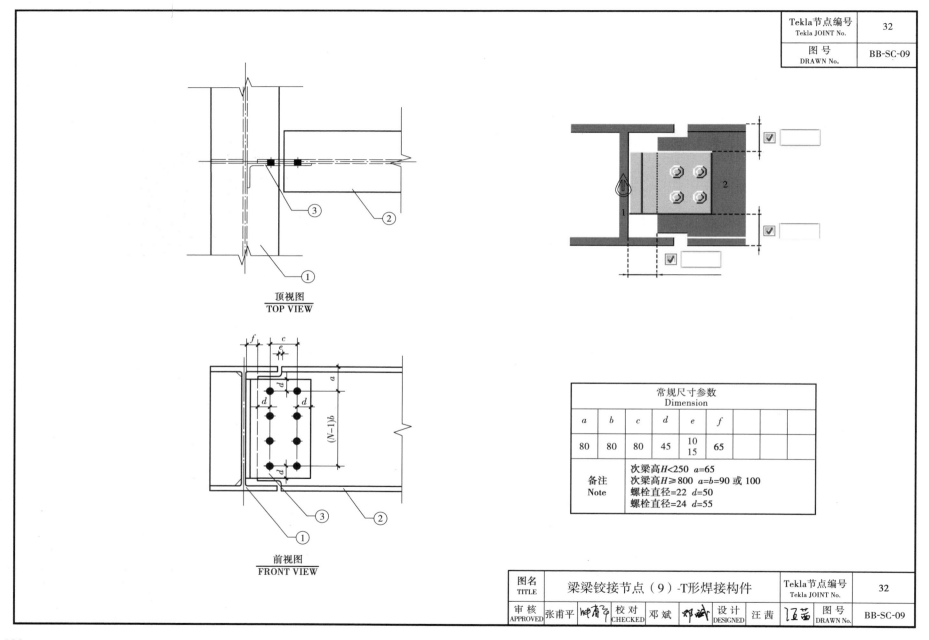

顶视图
TOP VIEW

前视图
FRONT VIEW

Tekla节点编号 Tekla JOINT No.	32
图号 DRAWN No.	BB-SC-09

常规尺寸参数 Dimension

a	b	c	d	e	f		
80	80	80	45	10 15	65		

备注 Note	次梁高$H<250$ $a=65$ 次梁高$H≥800$ $a=b=90$ 或 100 螺栓直径=22 $d=50$ 螺栓直径=24 $d=55$

图名 TITLE	梁梁铰接节点（9）-T形焊接构件	Tekla节点编号 Tekla JOINT No.	32
审核 APPROVED	张甫平	校对 CHECKED	邓斌	设计 DESIGNED	汪茜	图号 DRAWN No.	BB-SC-09

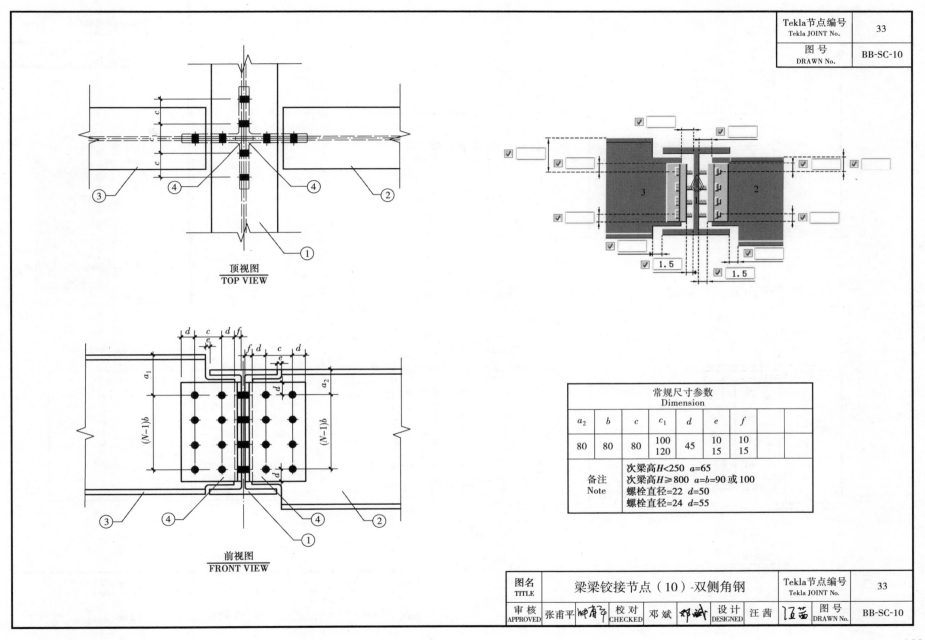

Tekla节点编号 Tekla JOINT No.	33
图号 DRAWN No.	BB-SC-10

顶视图
TOP VIEW

前视图
FRONT VIEW

常规尺寸参数 Dimension								
a_2	b	c	c_1	d	e	f		
80	80	80	100 120	45	10 15	10 15		
备注 Note	次梁高$H<250$　$a=65$ 次梁高$H≥800$　$a=b=90$或100 螺栓直径=22　$d=50$ 螺栓直径=24　$d=55$							

图名 TITLE	梁梁铰接节点（10）-双侧角钢					Tekla节点编号 Tekla JOINT No.	33
审核 APPROVED	张甫平	校对 CHECKED	邓斌	设计 DESIGNED	汪茜	图号 DRAWN No.	BB-SC-10

109

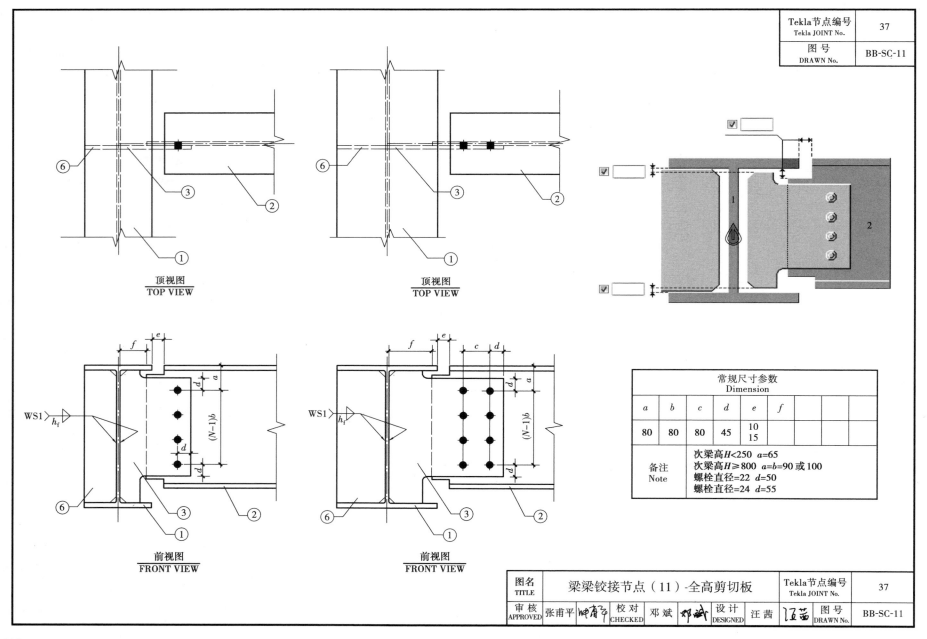

Tekla节点编号 Tekla JOINT No.	37
图 号 DRAWN No.	BB-SC-11

顶视图
TOP VIEW

顶视图
TOP VIEW

WS1 h_f

前视图
FRONT VIEW

WS1 h_f

前视图
FRONT VIEW

常规尺寸参数 Dimension					
a	b	c	d	e	f
80	80	80	45	10 15	
备注 Note	次梁高$H<250$ $a=65$ 次梁高$H\geqslant800$ $a=b=90$ 或 100 螺栓直径=22 $d=50$ 螺栓直径=24 $d=55$				

图名 TITLE	梁梁铰接节点（11）-全高剪切板	Tekla节点编号 Tekla JOINT No.	37
审核 APPROVED	张甫平	校对 CHECKED	邓斌
设计 DESIGNED	汪茜	图号 DRAWN No.	BB-SC-11

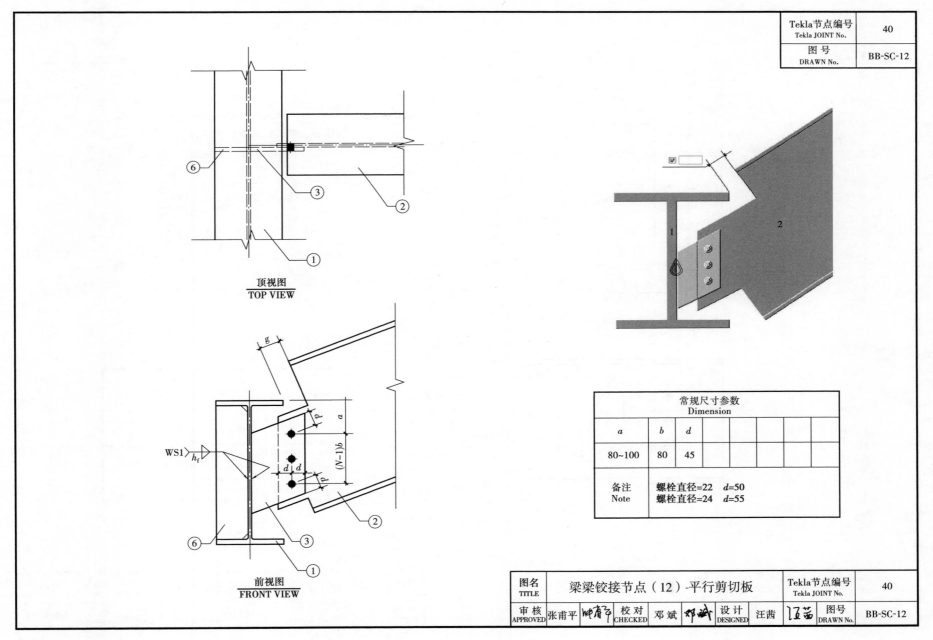

Tekla节点编号 Tekla JOINT No.	40
图　号 DRAWN No.	BB-SC-12

顶视图
TOP VIEW

前视图
FRONT VIEW

WS1

常规尺寸参数
Dimension

a	b	d				
80~100	80	45				
备注 Note	螺栓直径=22　d=50 螺栓直径=24　d=55					

图名 TITLE	梁梁铰接节点（12）-平行剪切板	Tekla节点编号 Tekla JOINT No.	40
审核 APPROVED	张甫平	校对 CHECKED	邓斌	设计 DESIGNED	汪茜	图号 DRAWN No.	BB-SC-12

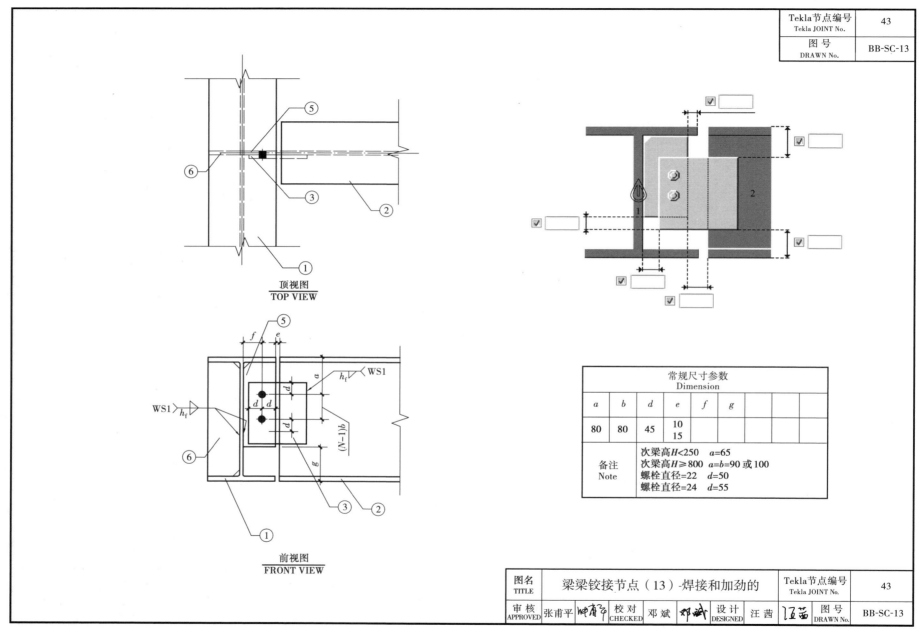

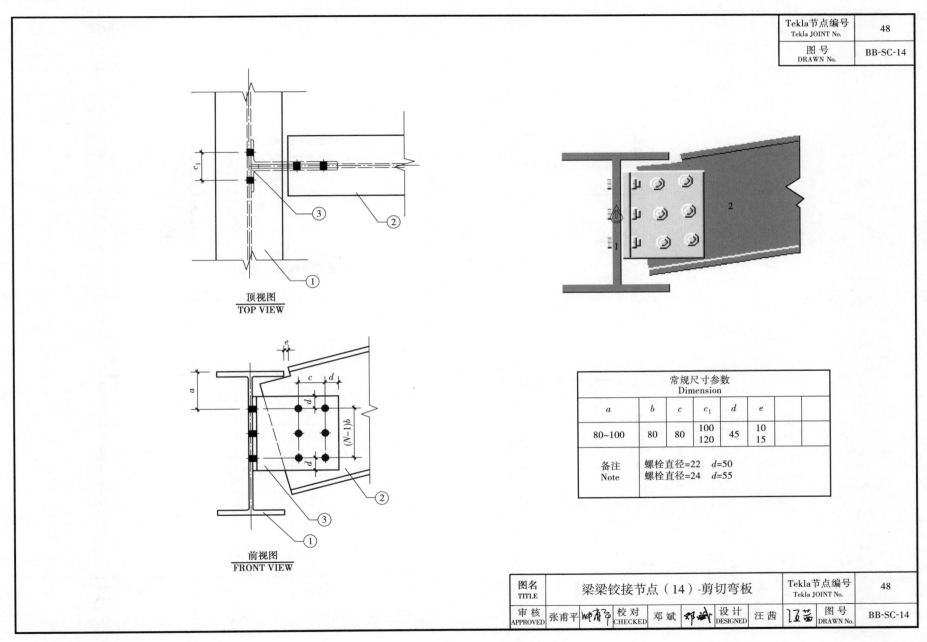

顶视图
TOP VIEW

前视图
FRONT VIEW

常规尺寸参数 Dimension						
a	b	c	c_1	d	e	
80~100	80	80	100 120	45	10 15	
备注 Note	螺栓直径=22 d=50 螺栓直径=24 d=55					

图名 TITLE	梁梁铰接节点（14）-剪切弯板	Tekla节点编号 Tekla JOINT No.	48
审核 APPROVED	张甫平	校对 CHECKED	邓斌	设计 DESIGNED	汪茜	图号 DRAWN No.	BB-SC-14

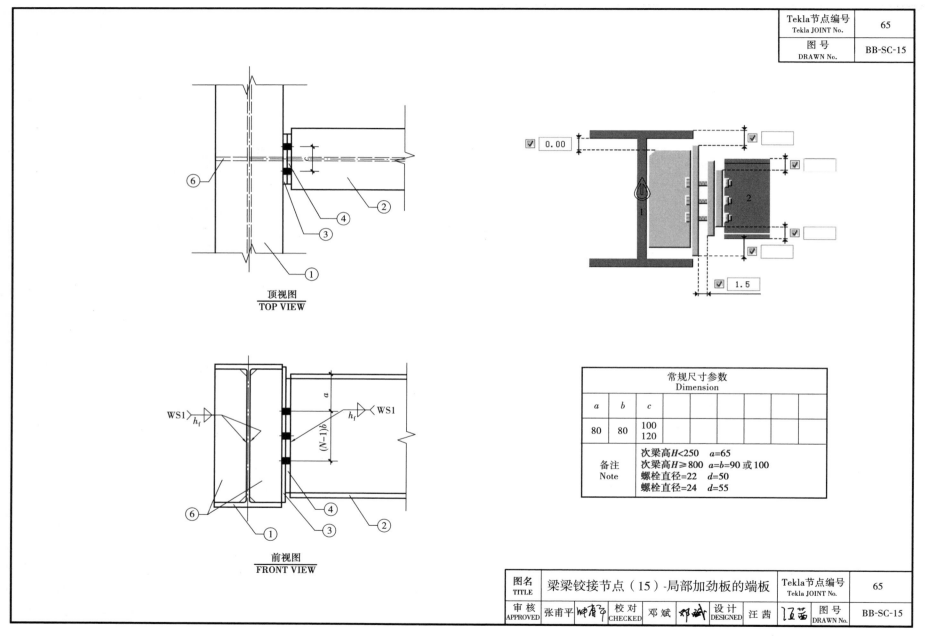

Tekla节点编号 Tekla JOINT No.	65
图号 DRAWN No.	BB-SC-15

顶视图
TOP VIEW

前视图
FRONT VIEW

常规尺寸参数
Dimension

a	b	c					
80	80	100 120					

备注 Note	次梁高H<250　a=65 次梁高H≥800　a=b=90 或100 螺栓直径=22　d=50 螺栓直径=24　d=55

图名 TITLE	梁梁铰接节点（15）-局部加劲板的端板	Tekla节点编号 Tekla JOINT No.	65	
审核 APPROVED	张甫平	校对 CHECKED	邓斌	设计 DESIGNED	汪茜	图号 DRAWN No.	BB-SC-15

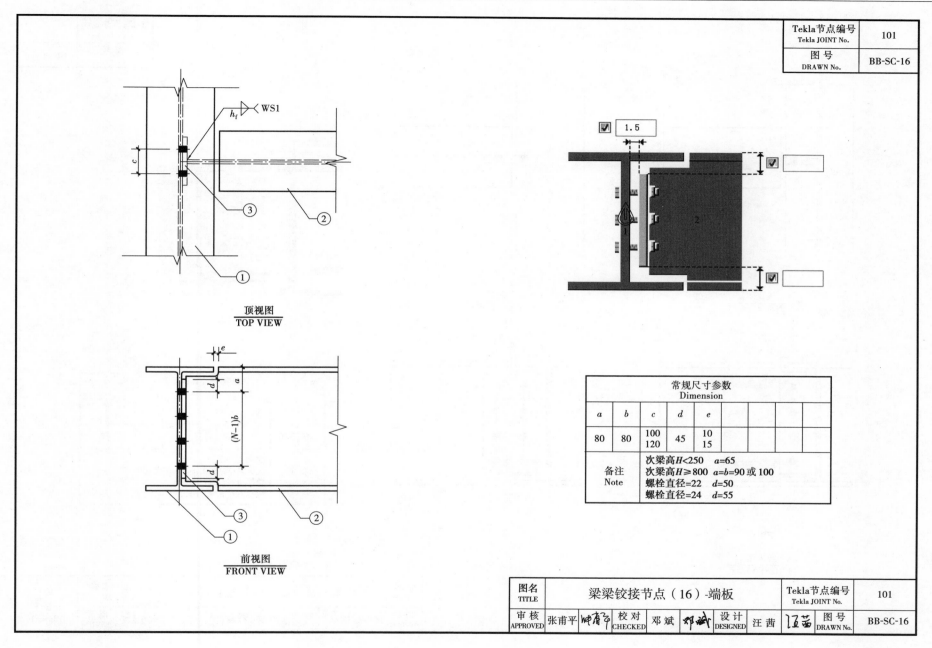

WS1

顶视图
TOP VIEW

前视图
FRONT VIEW

1.5

常规尺寸参数 Dimension							
a	b	c	d	e			
80	80	100 120	45	10 15			
备注 Note	次梁高H<250　a=65 次梁高H≥800　a=b=90 或 100 螺栓直径=22　d=50 螺栓直径=24　d=55						

图名 TITLE	梁梁铰接节点（16）-端板			Tekla节点编号 Tekla JOINT No.	101	
审 核 APPROVED	张甫平	校 对 CHECKED	邓斌	设 计 DESIGNED	汪茜	图 号 DRAWN No.	BB-SC-16

115

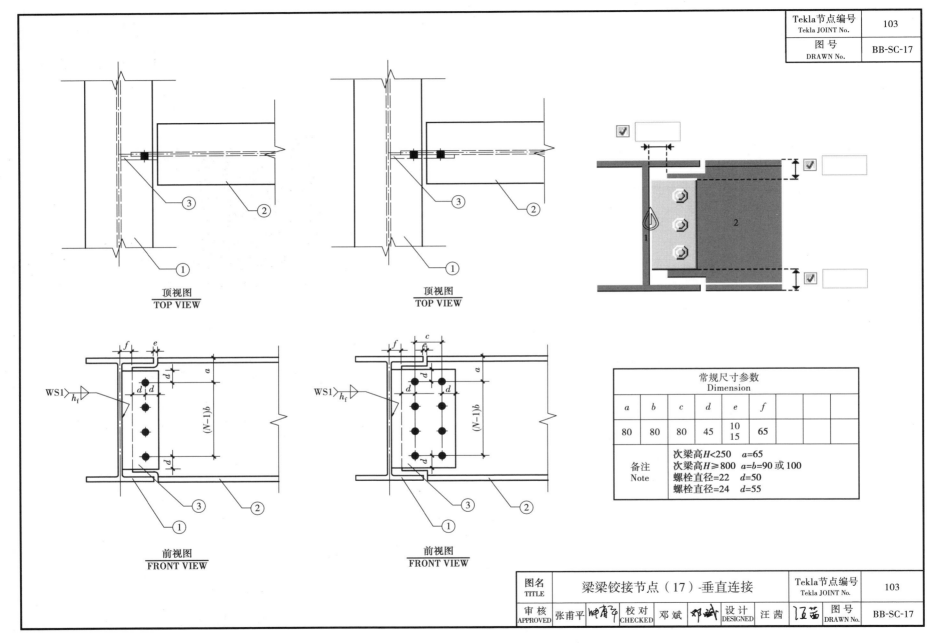

Tekla节点编号 Tekla JOINT No.	103
图号 DRAWN No.	BB-SC-17

顶视图
TOP VIEW

顶视图
TOP VIEW

前视图
FRONT VIEW

前视图
FRONT VIEW

常规尺寸参数 Dimension							
a	b	c	d	e	f		
80	80	80	45	10 15	65		
备注 Note	次梁高$H<250$　$a=65$ 次梁高$H \geqslant 800$　$a=b=90$ 或 100 螺栓直径=22　$d=50$ 螺栓直径=24　$d=55$						

图名 TITLE	梁梁铰接节点（17）-垂直连接	Tekla节点编号 Tekla JOINT No.	103
审核 APPROVED	张甫平	校对 CHECKED	邓斌	设计 DESIGNED	汪茜	图号 DRAWN No.	BB-SC-17

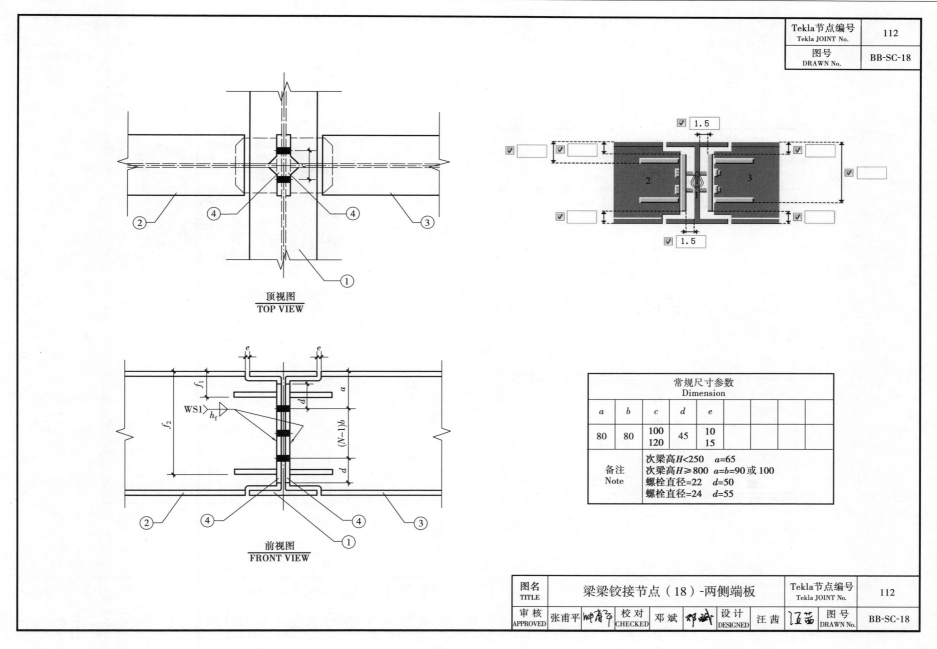

Tekla节点编号 Tekla JOINT No.	112
图号 DRAWN No.	BB-SC-18

顶视图
TOP VIEW

前视图
FRONT VIEW

WS1

常规尺寸参数 Dimension							
a	b	c	d	e			
80	80	100 120	45	10 15			
备注 Note	次梁高H<250　a=65 次梁高H≥800　a=b=90或100 螺栓直径=22　d=50 螺栓直径=24　d=55						

图名 TITLE	梁梁铰接节点（18）-两侧端板	Tekla节点编号 Tekla JOINT No.	112
审核 APPROVED	张甫平	校对 CHECKED	邓斌	设计 DESIGNED	汪茜	图号 DRAWN No.	BB-SC-18

Tekla节点编号 Tekla JOINT No.	115
图号 DRAWN No.	BB-SC-19

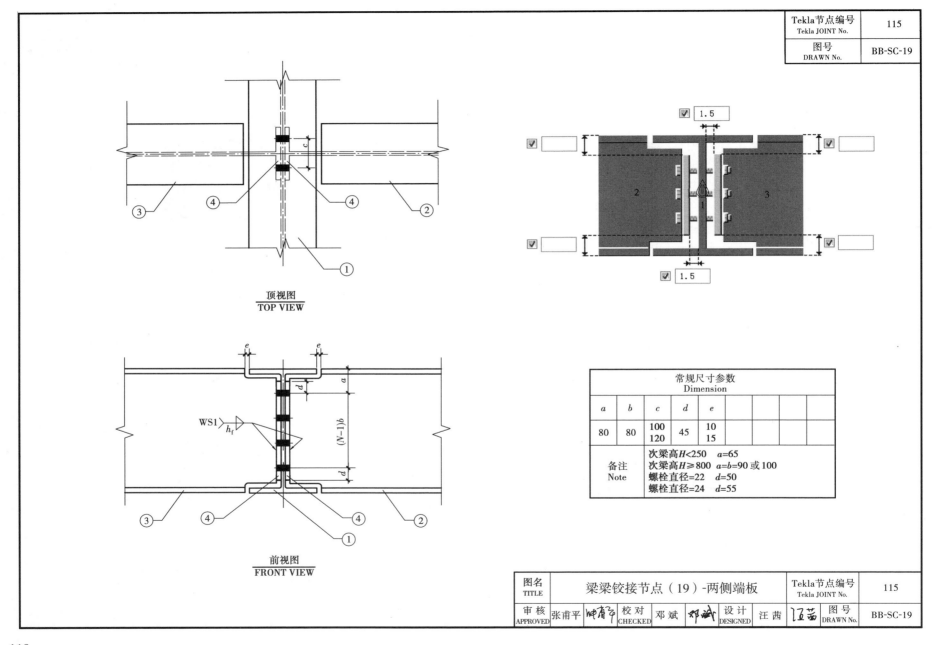

顶视图
TOP VIEW

前视图
FRONT VIEW

WS1 h_f

常规尺寸参数 Dimension							
a	b	c	d	e			
80	80	100 120	45	10 15			
备注 Note	次梁高$H<250$　$a=65$ 次梁高$H\geqslant800$　$a=b=90$ 或 100 螺栓直径=22　$d=50$ 螺栓直径=24　$d=55$						

图名 TITLE	梁梁铰接节点（19）-两侧端板	Tekla节点编号 Tekla JOINT No.	115
审核 APPROVED	张甫平	校对 CHECKED	邓斌	设计 DESIGNED	汪茜	图号 DRAWN No.	BB-SC-19

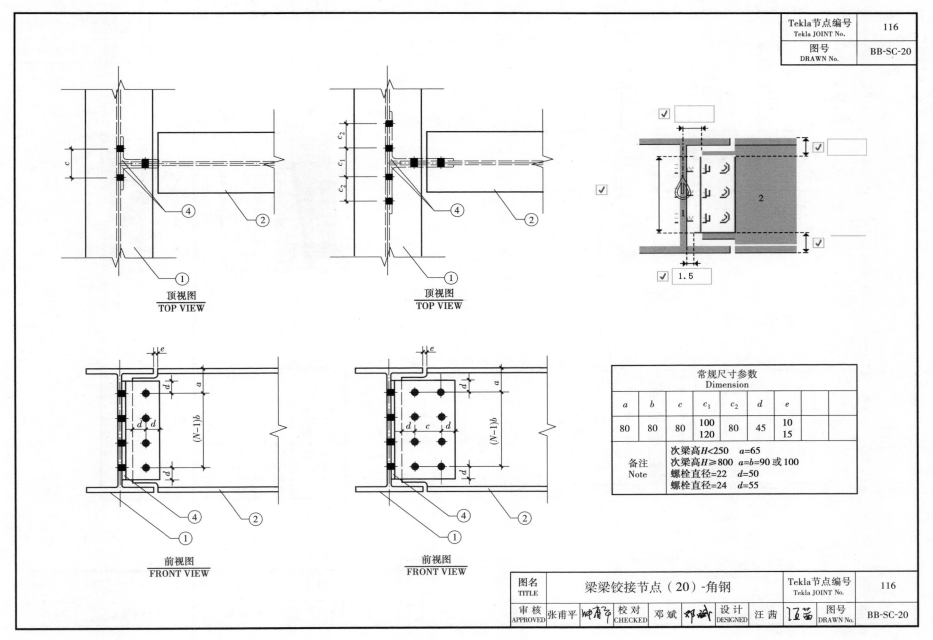

| Tekla节点编号
Tekla JOINT No. | 116 |
| 图号
DRAWN No. | BB-SC-20 |

顶视图
TOP VIEW

顶视图
TOP VIEW

前视图
FRONT VIEW

前视图
FRONT VIEW

1.5

2

常规尺寸参数 Dimension								
a	b	c	c_1	c_2	d	e		
80	80	80	100 120	80	45	10 15		
备注 Note	次梁高H<250　a=65 次梁高H≥800　a=b=90 或 100 螺栓直径=22　d=50 螺栓直径=24　d=55							

图名 TITLE	梁梁铰接节点（20）-角钢	Tekla节点编号 Tekla JOINT No.	116
审核 APPROVED	张甫平	校对 CHECKED	邓斌	设计 DESIGNED	汪茜	图号 DRAWN No.	BB-SC-20

119

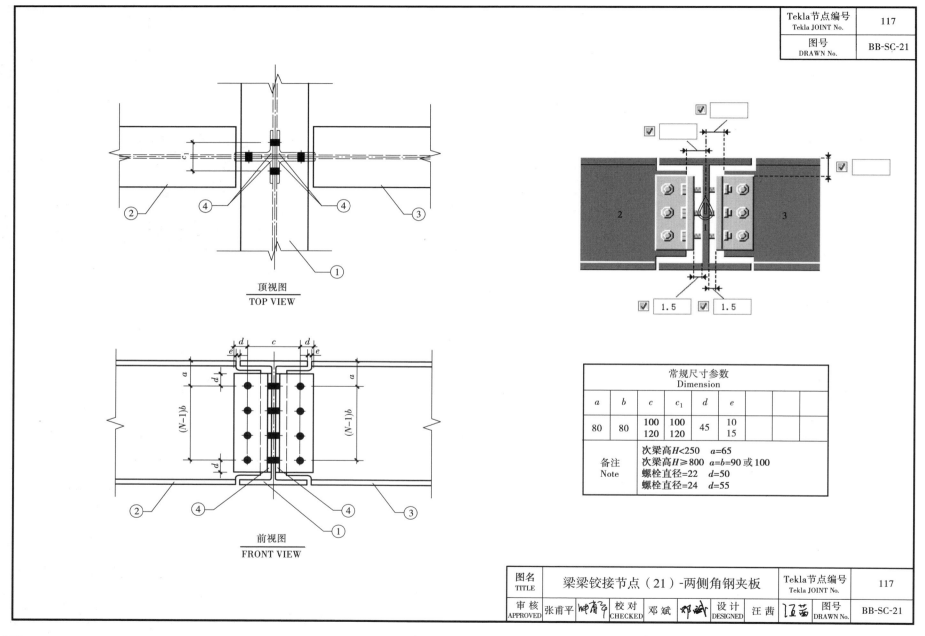

顶视图
TOP VIEW

前视图
FRONT VIEW

| ☑ 1.5 | ☑ 1.5 |

常规尺寸参数 Dimension

a	b	c	c_1	d	e		
80	80	100 120	100 120	45	10 15		
备注 Note	次梁高$H<250$　$a=65$ 次梁高$H≥800$　$a=b=90$ 或 100 螺栓直径=22　$d=50$ 螺栓直径=24　$d=55$						

图名 TITLE	梁梁铰接节点（21）-两侧角钢夹板					Tekla节点编号 Tekla JOINT No.	117
审核 APPROVED	张甫平		校对 CHECKED	邓斌	设计 DESIGNED	汪茜	图号 DRAWN No.	BB-SC-21

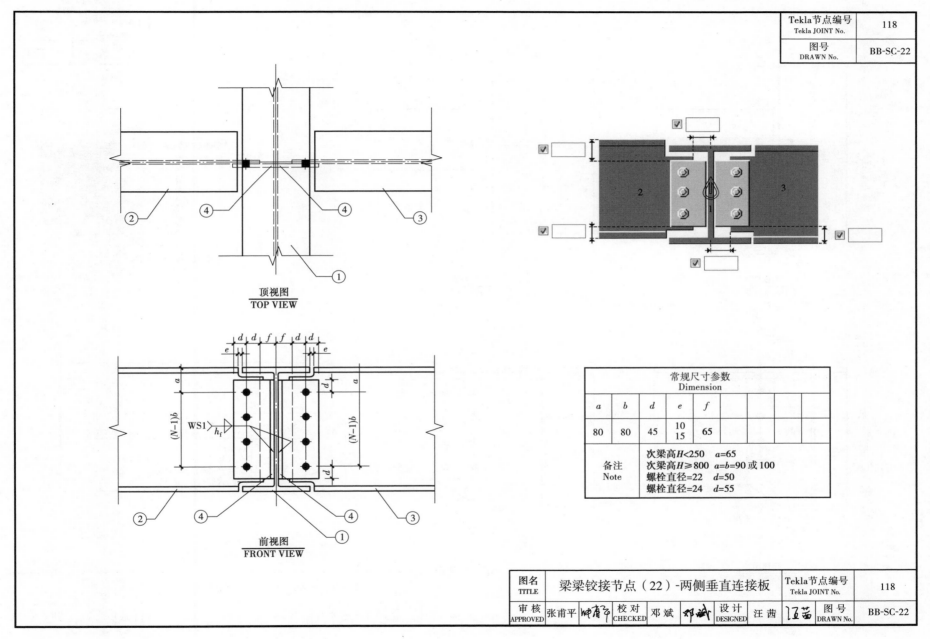

Tekla节点编号 Tekla JOINT No.	118
图号 DRAWN No.	BB-SC-22

顶视图
TOP VIEW

前视图
FRONT VIEW

WS1

h_f

$(N-1)b$

a

b

d

e

f

常规尺寸参数 Dimension							
a	b	d	e	f			
80	80	45	10 15	65			
备注 Note	次梁高$H<250$　$a=65$ 次梁高$H \geqslant 800$　$a=b=90$ 或 100 螺栓直径=22　$d=50$ 螺栓直径=24　$d=55$						

图名 TITLE	梁梁铰接节点（22）-两侧垂直连接板		Tekla节点编号 Tekla JOINT No.	118
审核 APPROVED	张甫平	校对 CHECKED	邓斌	设计 DESIGNED	汪茜	图号 DRAWN No.	BB-SC-22

121

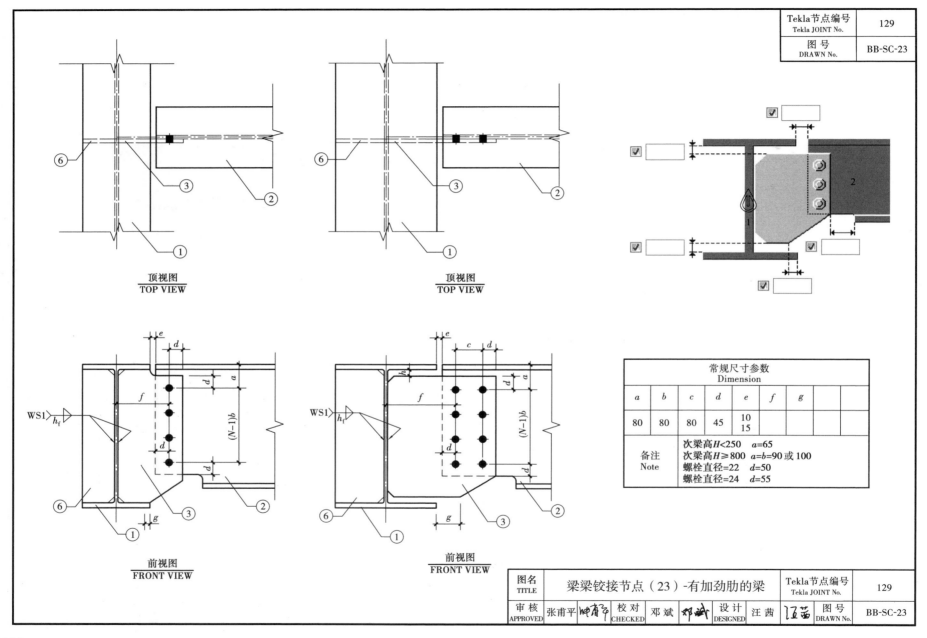

Tekla节点编号 Tekla JOINT No.	129
图 号 DRAWN No.	BB-SC-23

顶视图
TOP VIEW

顶视图
TOP VIEW

前视图
FRONT VIEW

前视图
FRONT VIEW

常规尺寸参数 Dimension						
a	b	c	d	e	f	g
80	80	80	45	10 15		
备注 Note	次梁高$H<250$　$a=65$ 次梁高$H\geqslant800$　$a=b=90$或100 螺栓直径22　$d=50$ 螺栓直径24　$d=55$					

图名 TITLE	梁梁铰接节点（23）-有加劲肋的梁	Tekla节点编号 Tekla JOINT No.	129
审核 APPROVED	张甫平	校对 CHECKED	邓斌	设计 DESIGNED	汪茜	图号 DRAWN No.	BB-SC-23

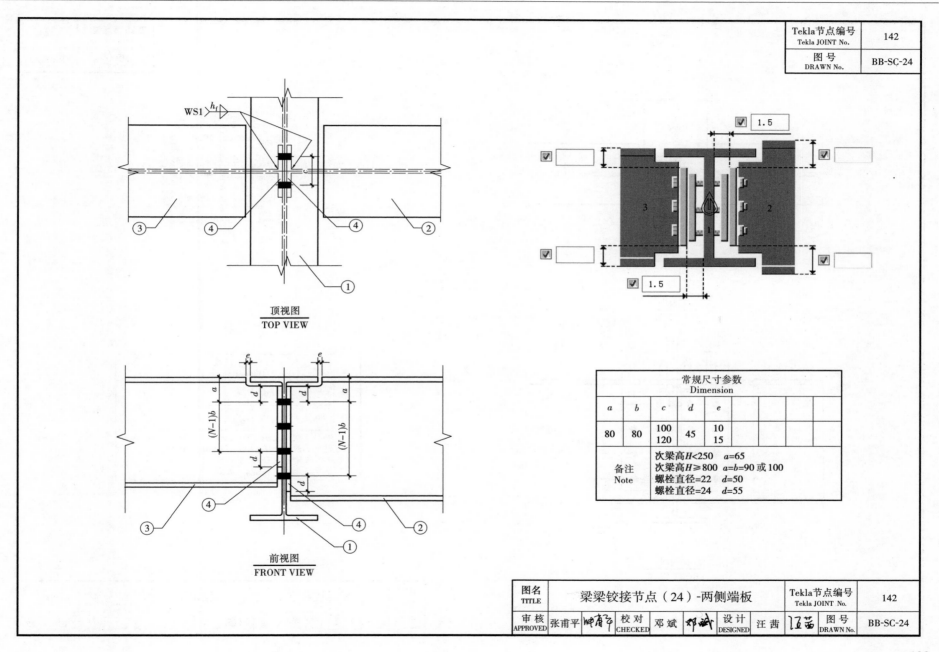

Tekla节点编号 Tekla JOINT No.	142
图 号 DRAWN No.	BB-SC-24

WS1 h_f

顶视图
TOP VIEW

前视图
FRONT VIEW

常规尺寸参数 Dimension				
a	b	c	d	e
80	80	100 120	45	10 15
备注 Note	次梁高H<250　a=65 次梁高H≥800　a=b=90 或 100 螺栓直径=22　d=50 螺栓直径=24　d=55			

图名 TITLE	梁梁铰接节点（24）-两侧端板		Tekla节点编号 Tekla JOINT No.	142
审核 APPROVED	张甫平	校对 CHECKED	邓斌	设计 DESIGNED	汪茜	图号 DRAWN No.	BB-SC-24

123

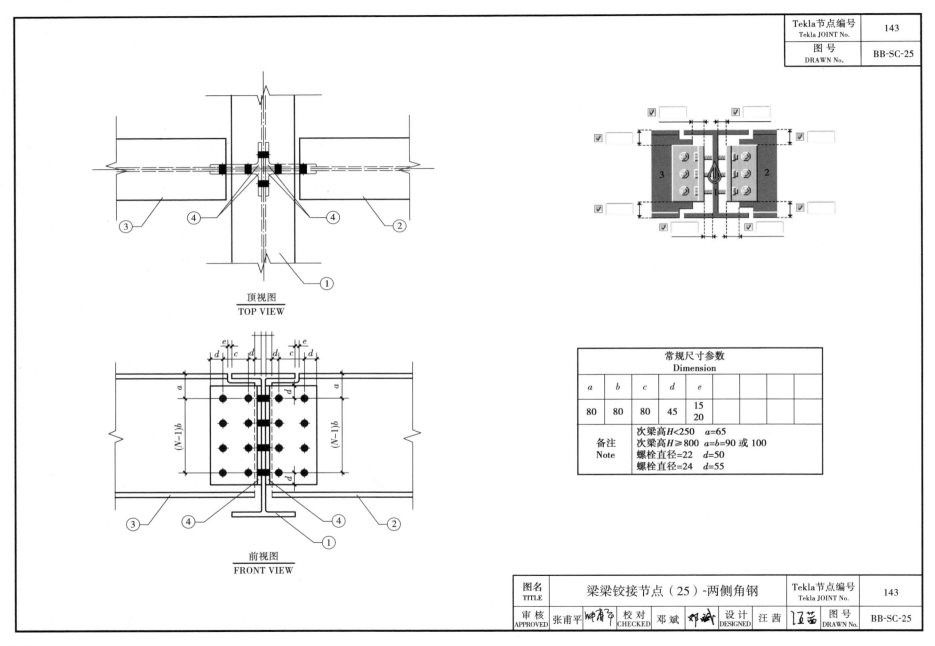

Tekla节点编号 Tekla JOINT No.	143
图号 DRAWN No.	BB-SC-25

顶视图
TOP VIEW

前视图
FRONT VIEW

常规尺寸参数 Dimension						
a	b	c	d	e		
80	80	80	45	15 20		
备注 Note	次梁高$H<250$ $a=65$ 次梁高$H≥800$ $a=b=90$ 或 100 螺栓直径$=22$ $d=50$ 螺栓直径$=24$ $d=55$					

图名 TITLE	梁梁铰接节点（25）-两侧角钢			Tekla节点编号 Tekla JOINT No.	143
审 核 APPROVED	张甫平	校 对 CHECKED	邓斌	设 计 DESIGNED	汪茜
				图号 DRAWN No.	BB-SC-25

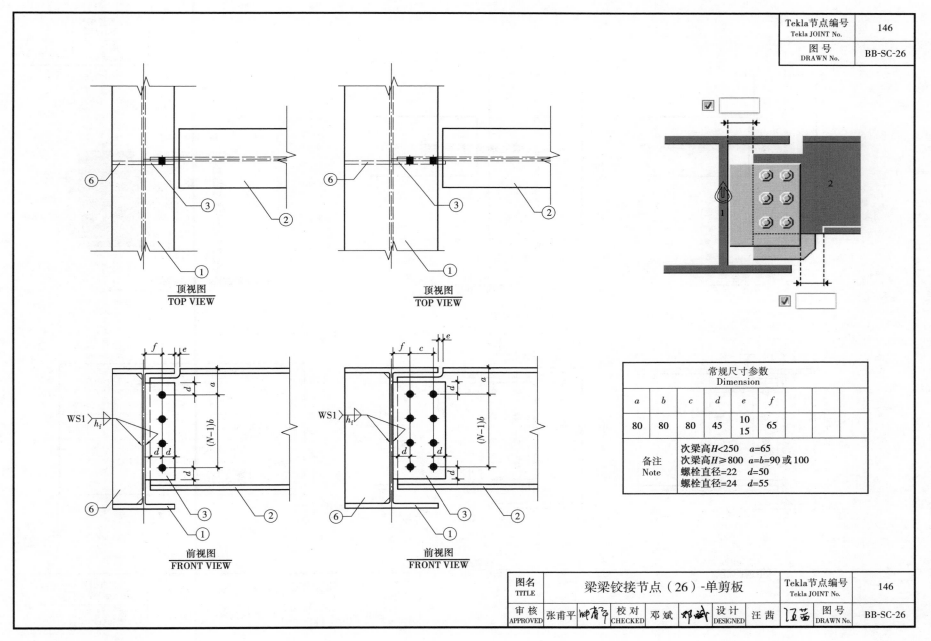

顶视图
TOP VIEW

顶视图
TOP VIEW

前视图
FRONT VIEW

前视图
FRONT VIEW

常规尺寸参数 Dimension							
a	b	c	d	e	f		
80	80	80	45	10 15	65		
备注 Note	次梁高$H<250$　$a=65$ 次梁高$H≥800$　$a=b=90$或100 螺栓直径=22　$d=50$ 螺栓直径=24　$d=55$						

图名 TITLE	梁梁铰接节点（26）-单剪板	Tekla节点编号 Tekla JOINT No.	146
审　核 APPROVED	张甫平	校　对 CHECKED	邓斌	设　计 DESIGNED	汪茜	图　号 DRAWN No.	BB-SC-26

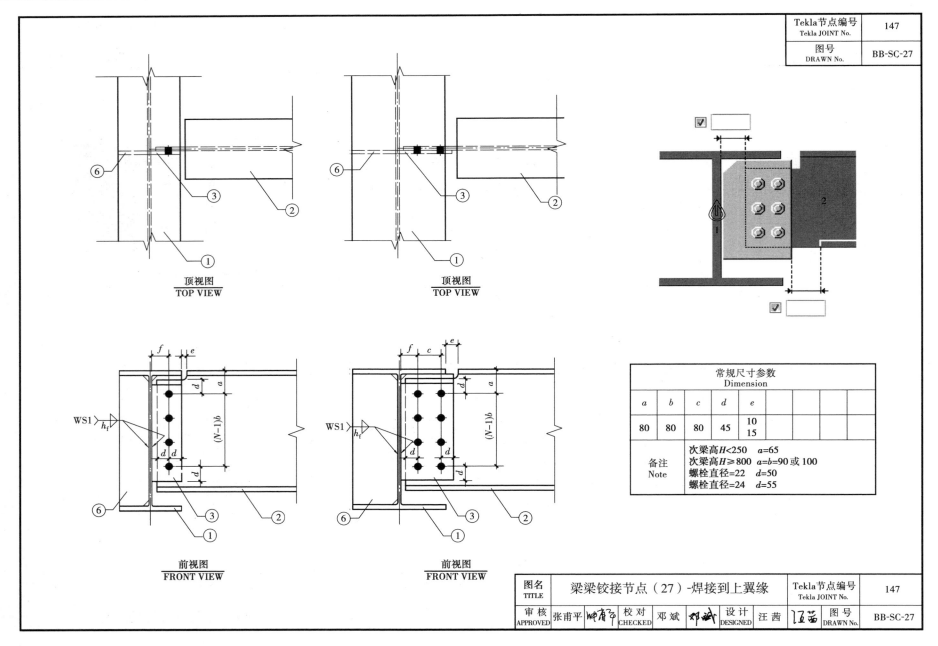

| Tekla节点编号
Tekla JOINT No. | 147 |
| 图号
DRAWN No. | BB-SC-27 |

顶视图
TOP VIEW

顶视图
TOP VIEW

前视图
FRONT VIEW

前视图
FRONT VIEW

WS1

WS1

常规尺寸参数 Dimension							
a	b	c	d	e			
80	80	80	45	10 15			
备注 Note	次梁高$H<250$　$a=65$ 次梁高$H\geqslant 800$　$a=b=90$或100 螺栓直径=22　$d=50$ 螺栓直径=24　$d=55$						

图名 TITLE	梁梁铰接节点（27）-焊接到上翼缘	Tekla节点编号 Tekla JOINT No.	147
审核 APPROVED	张甫平	校对 CHECKED	邓斌	设计 DESIGNED	汪茜	图号 DRAWN No.	BB-SC-27

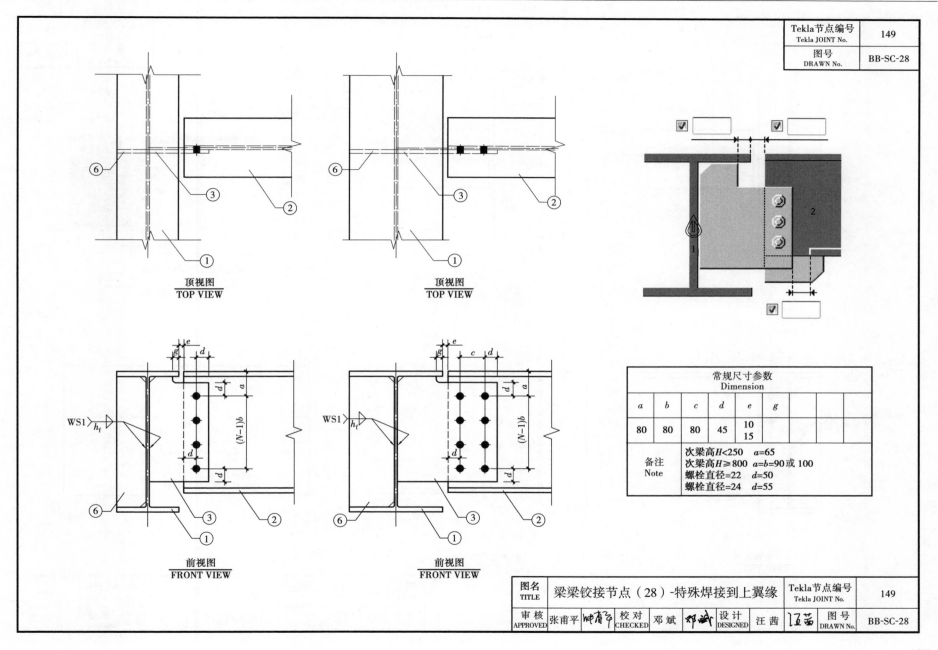

Tekla节点编号 Tekla JOINT No.	149
图号 DRAWN No.	BB-SC-28

顶视图
TOP VIEW

顶视图
TOP VIEW

前视图
FRONT VIEW

前视图
FRONT VIEW

常规尺寸参数 Dimension					
a	b	c	d	e	g
80	80	80	45	10 15	
备注 Note	次梁高H<250 a=65 次梁高H≥800 a=b=90或100 螺栓直径=22 d=50 螺栓直径=24 d=55				

图名 TITLE	梁梁铰接节点（28）-特殊焊接到上翼缘	Tekla节点编号 Tekla JOINT No.	149
审核 APPROVED	张甫平	校对 CHECKED	邓斌	设计 DESIGNED	汪茜	图号 DRAWN No.	BB-SC-28

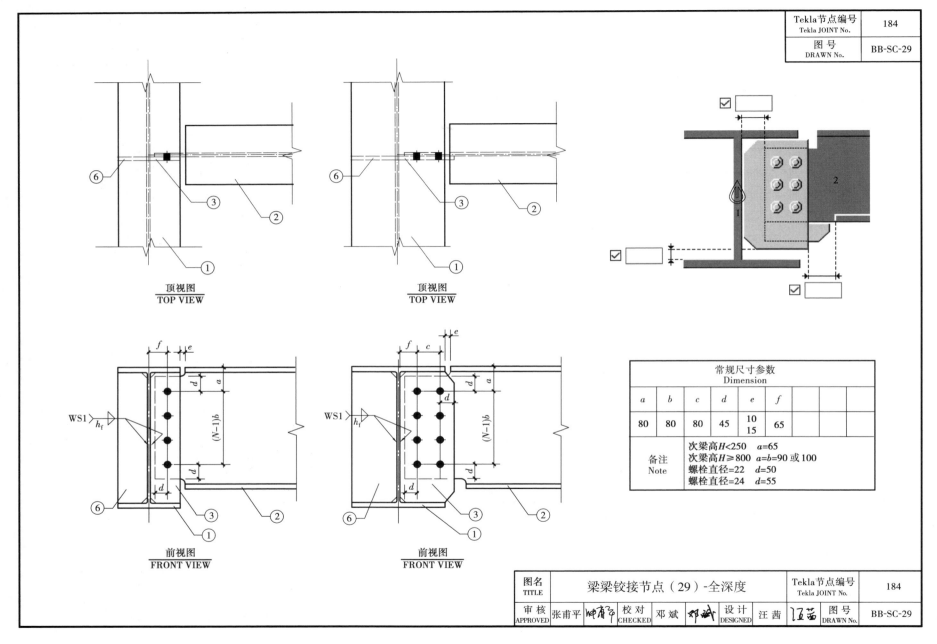

Tekla节点编号 Tekla JOINT No.	184
图 号 DRAWN No.	BB-SC-29

顶视图
TOP VIEW

顶视图
TOP VIEW

前视图
FRONT VIEW

前视图
FRONT VIEW

常规尺寸参数 Dimension					
a	b	c	d	e	f
80	80	80	45	10 15	65
备注 Note	次梁高H<250　a=65 次梁高H≥800　a=b=90 或 100 螺栓直径=22　d=50 螺栓直径=24　d=55				

图名 TITLE	梁梁铰接节点（29）-全深度		Tekla节点编号 Tekla JOINT No.	184
审核 APPROVED	张甫平	校对 CHECKED	邓斌	设计 DESIGNED	汪茜	图号 DRAWN No.	BB-SC-29

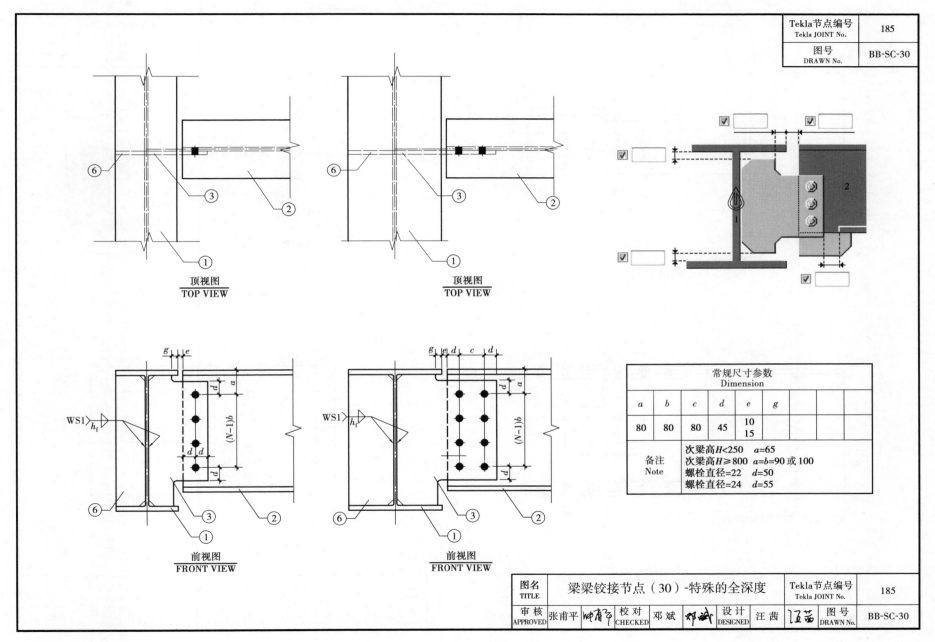

| Tekla节点编号
Tekla JOINT No. | 185 |
| 图号
DRAWN No. | BB-SC-30 |

顶视图
TOP VIEW

顶视图
TOP VIEW

前视图
FRONT VIEW

前视图
FRONT VIEW

常规尺寸参数 Dimension							
a	b	c	d	e	g		
80	80	80	45	10 15			
备注 Note	次梁高$H<250$　　$a=65$ 次梁高$H\geq800$　$a=b=90$ 或 100 螺栓直径$=22$　　$d=50$ 螺栓直径$=24$　　$d=55$						

图名 TITLE	梁梁铰接节点（30）-特殊的全深度	Tekla节点编号 Tekla JOINT No.	185
审核 APPROVED	张甫平　　　校对 CHECKED　邓斌　　设计 DESIGNED　汪茜	图号 DRAWN No.	BB-SC-30

129

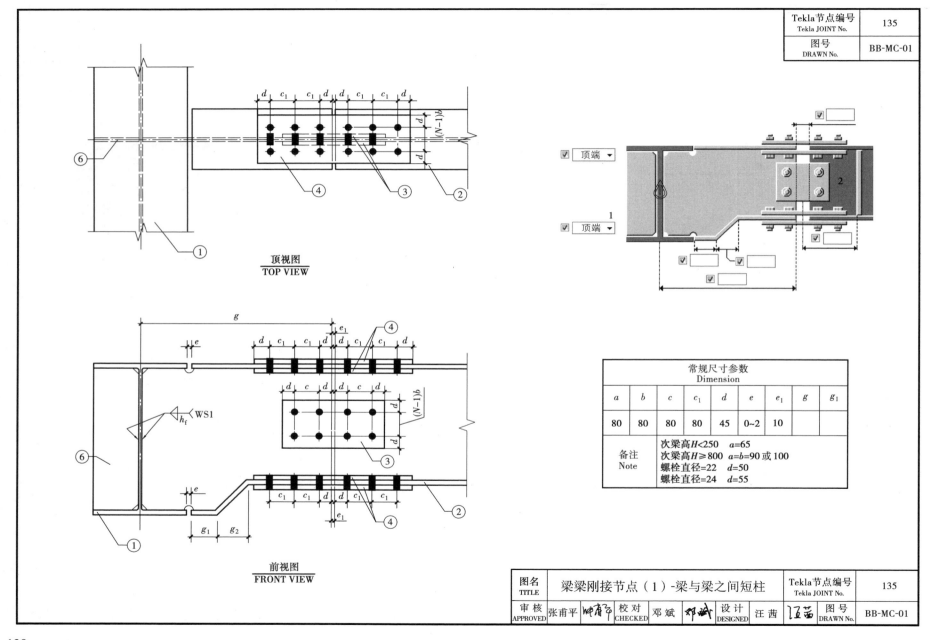

Tekla节点编号 Tekla JOINT No.	135
图号 DRAWN No.	BB-MC-01

顶视图
TOP VIEW

WS1

前视图
FRONT VIEW

常规尺寸参数 Dimension								
a	b	c	c_1	d	e	e_1	g	g_1
80	80	80	80	45	0~2	10		
备注 Note	次梁高$H<250$　$a=65$ 次梁高$H \geqslant 800$　$a=b=90$ 或 100 螺栓直径=22　$d=50$ 螺栓直径=24　$d=55$							

图名 TITLE	梁梁刚接节点（1）-梁与梁之间短柱	Tekla节点编号 Tekla JOINT No.	135
审核 APPROVED	张甫平　师甫平　校对 CHECKED 邓斌　邓斌　设计 DESIGNED 汪茜　汪茜	图号 DRAWN No.	BB-MC-01

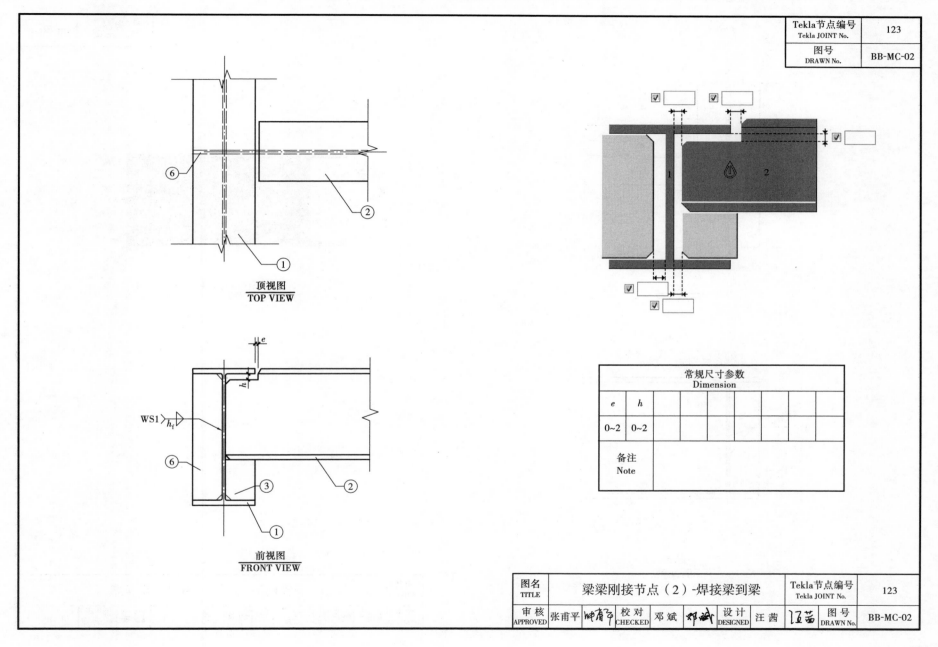

Tekla节点编号 Tekla JOINT No.	123
图号 DRAWN No.	BB-MC-02

顶视图
TOP VIEW

前视图
FRONT VIEW

常规尺寸参数 Dimension						
e	h					
0~2	0~2					
备注 Note						

图名 TITLE	梁梁刚接节点（2）-焊接梁到梁	Tekla节点编号 Tekla JOINT No.	123
审　核 APPROVED	张甫平	校　对 CHECKED	邓斌	设　计 DESIGNED	汪茜	图号 DRAWN No.	BB-MC-02

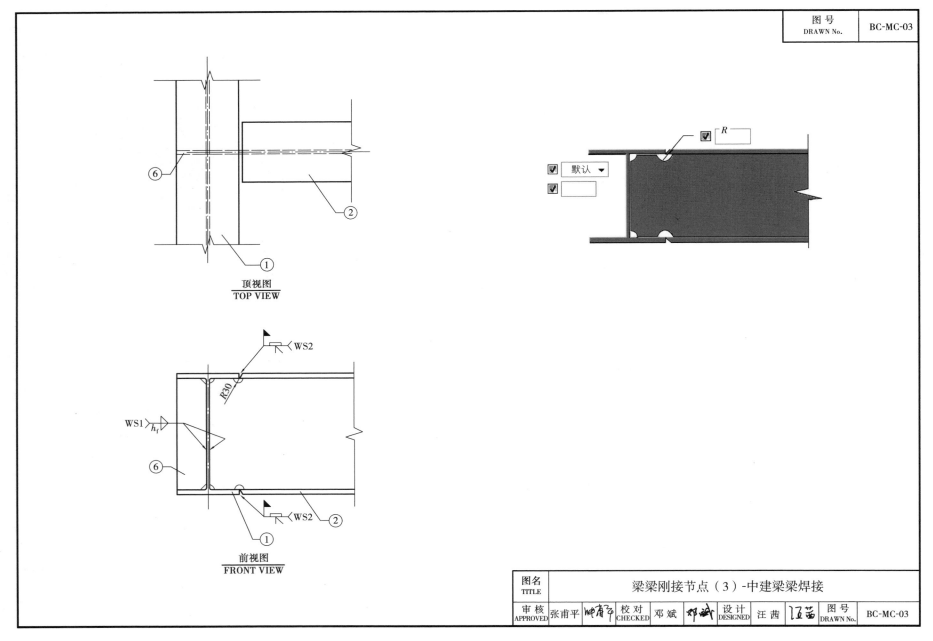

顶视图
TOP VIEW

前视图
FRONT VIEW

图名 TITLE	梁梁刚接节点（3）-中建梁梁焊接						
审 核 APPROVED	张甫平		校 对 CHECKED	邓 斌	设 计 DESIGNED	汪 茜	图 号 DRAWN No.	BC-MC-03

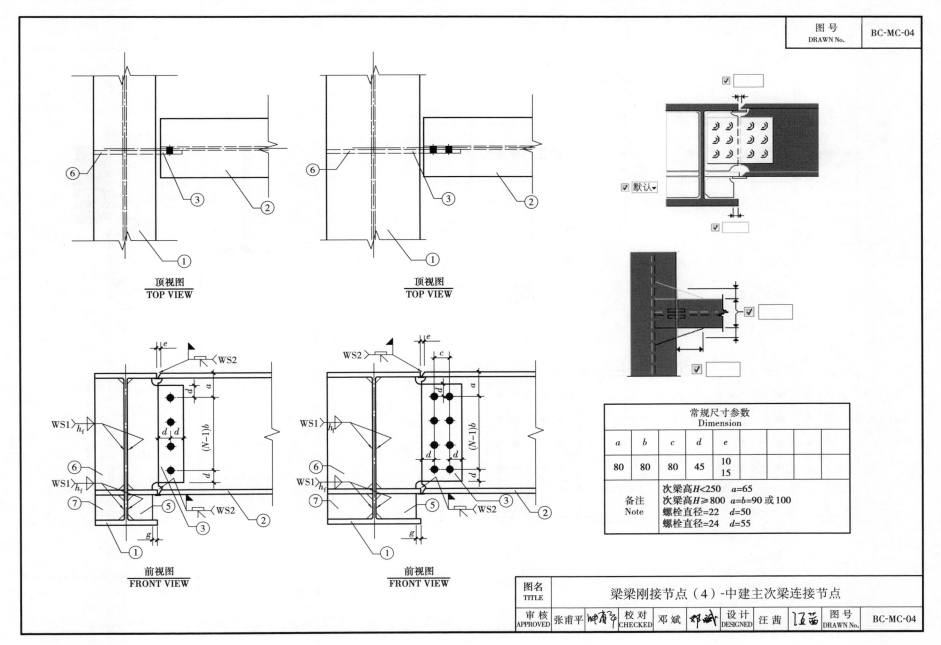

顶视图
TOP VIEW

顶视图
TOP VIEW

前视图
FRONT VIEW

前视图
FRONT VIEW

常规尺寸参数 Dimension								
a	b	c	d	e				
80	80	80	45	10 15				
备注 Note	次梁高$H<250$ $a=65$ 次梁高$H≥800$ $a=b=90$ 或 100 螺栓直径$=22$ $d=50$ 螺栓直径$=24$ $d=55$							

图名 TITLE	梁梁刚接节点（4）-中建主次梁连接节点						
审核 APPROVED	张甫平	校对 CHECKED	邓斌	设计 DESIGNED	汪茜	图号 DRAWN No.	BC-MC-04

133

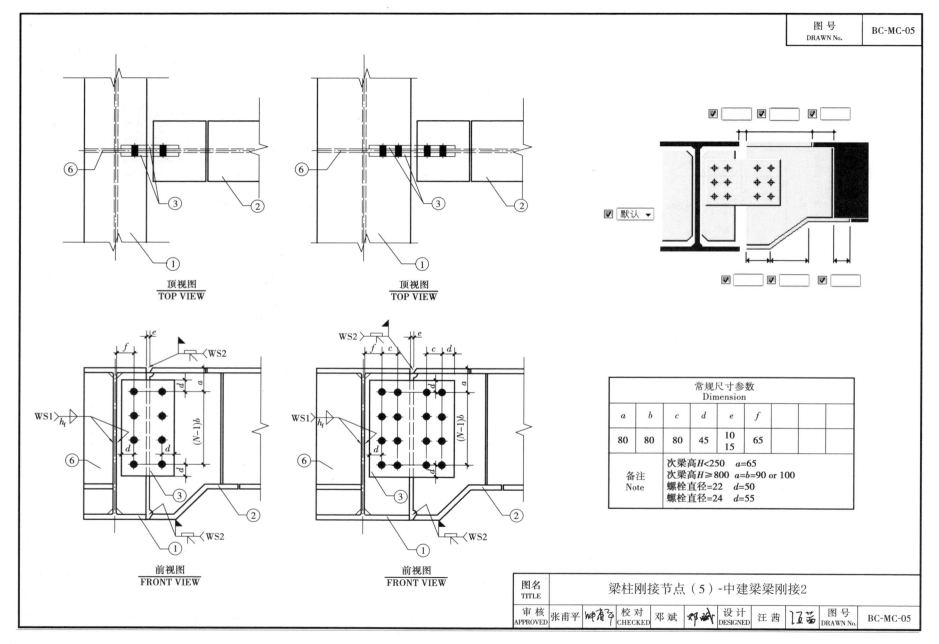

顶视图
TOP VIEW

WS2

WS1

前视图
FRONT VIEW

常规尺寸参数 Dimension							
a	b	c	d	e	f		
80	80	80	45	10 15	65		
备注 Note	次梁高H<250　　a=65 次梁高H≥800　　a=b=90 or 100 螺栓直径=22　　d=50 螺栓直径=24　　d=55						

图名 TITLE	梁柱刚接节点（5）-中建梁梁刚接2						
审核 APPROVED	张甫平	钟甫平	校对 CHECKED	邓斌	邓斌	设计 DESIGNED	汪茜

图号 DRAWN No.	BC-MC-05

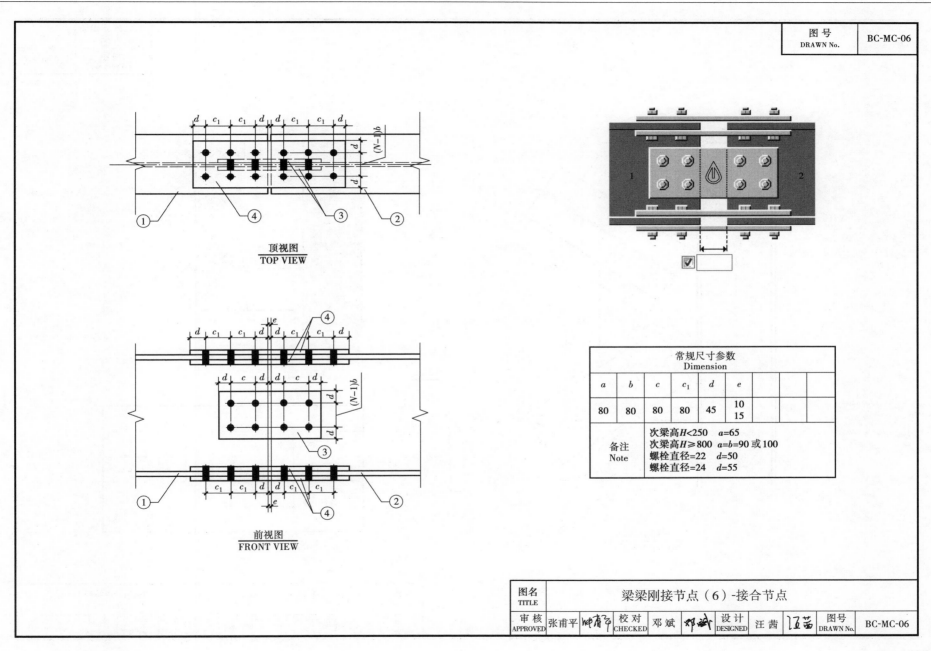

顶视图
TOP VIEW

前视图
FRONT VIEW

常规尺寸参数 Dimension					
a	b	c	c_1	d	e
80	80	80	80	45	10 15
备注 Note	次梁高H<250　a=65 次梁高H≥800　a=b=90 或 100 螺栓直径=22　d=50 螺栓直径=24　d=55				

图名 TITLE	梁梁刚接节点（6）-接合节点					
审核 APPROVED	张甫平	校对 CHECKED	邓 斌	设计 DESIGNED	汪 茜	图号 DRAWN No. BC-MC-06

135

Tekla节点编号 Tekla JOINT No.	10
图号 DRAWN No.	ZC-SC-01

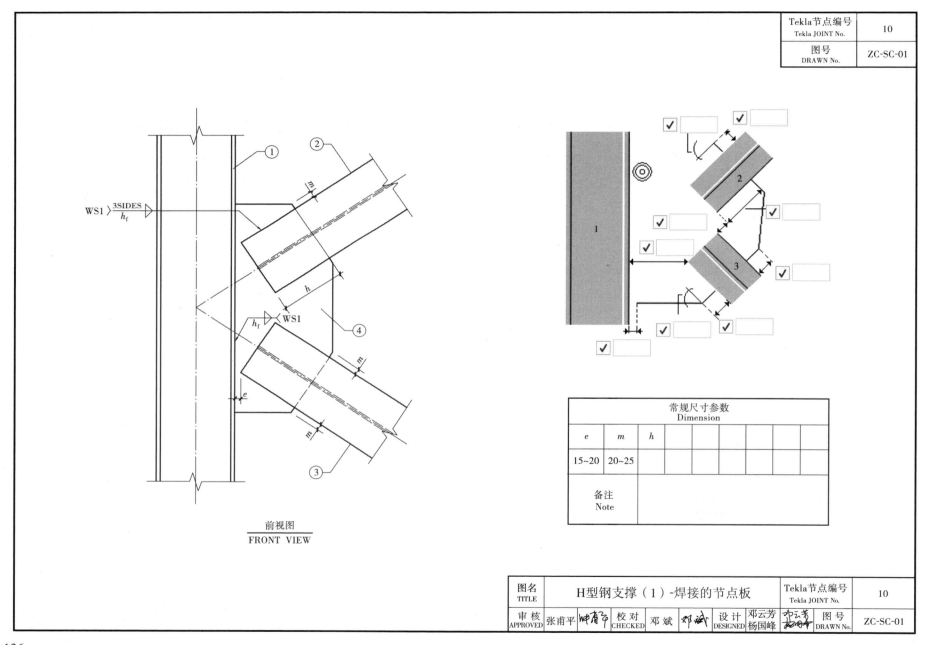

前视图
FRONT VIEW

常规尺寸参数 Dimension							
e	m	h					
15~20	20~25						
备注 Note							

图名 TITLE	H型钢支撑（1）-焊接的节点板	Tekla节点编号 Tekla JOINT No.	10
审核 APPROVED	张甫平	校对 CHECKED	邓斌	设计 DESIGNED	邓云芳 杨国峰	图号 DRAWN No.	ZC-SC-01

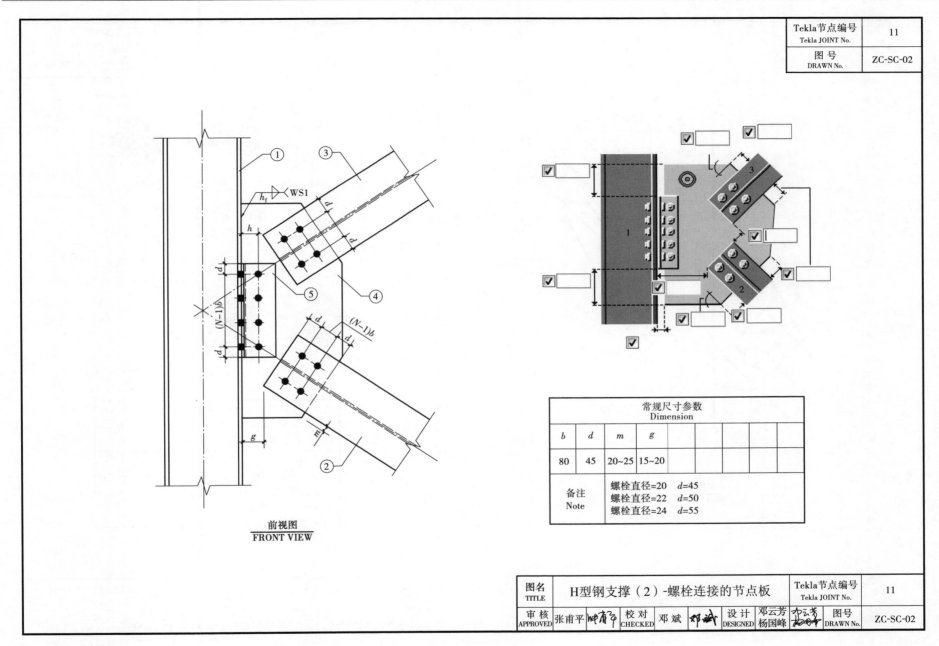

前视图
FRONT VIEW

Tekla节点编号 Tekla JOINT No.	11
图　号 DRAWN No.	ZC-SC-02

常规尺寸参数
Dimension

b	d	m	g				
80	45	20~25	15~20				

备注 Note	螺栓直径=20　d=45 螺栓直径=22　d=50 螺栓直径=24　d=55

图名 TITLE	H型钢支撑（2）-螺栓连接的节点板				Tekla节点编号 Tekla JOINT No.	11
审核 APPROVED	张甫平	校对 CHECKED	邓斌	设计 DESIGNED	邓云芳 杨国峰	图号 DRAWN No.	ZC-SC-02

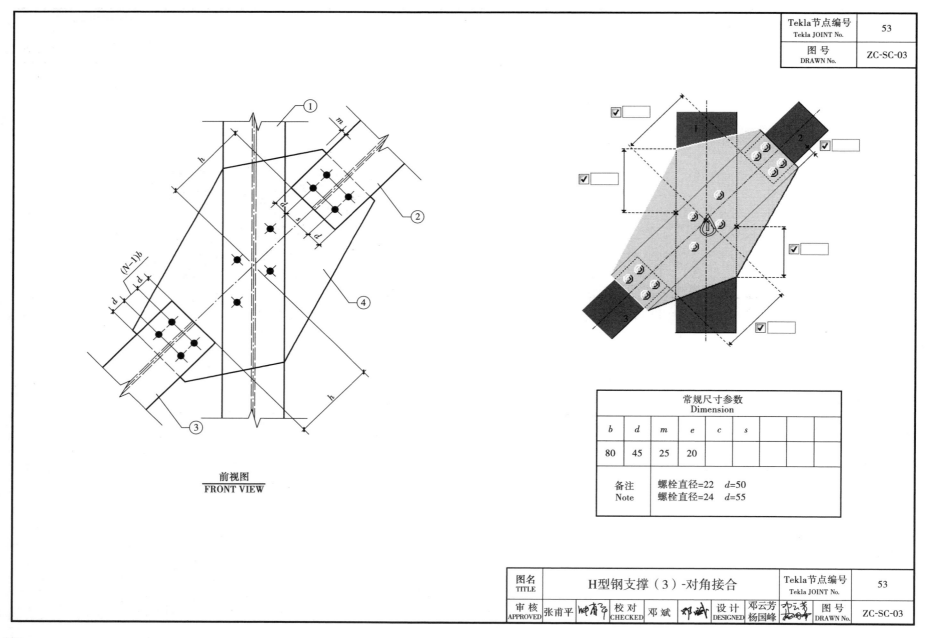

Tekla节点编号 Tekla JOINT No.	53
图 号 DRAWN No.	ZC-SC-03

前视图
FRONT VIEW

常规尺寸参数
Dimension

b	d	m	e	c	s			
80	45	25	20					

备注 Note	螺栓直径=22　d=50 螺栓直径=24　d=55

图名 TITLE	**H型钢支撑（3）-对角接合**	Tekla节点编号 Tekla JOINT No.	53
审 核 APPROVED	张甫平	校 对 CHECKED	邓 斌	设 计 DESIGNED	邓云芳 杨国峰	图 号 DRAWN No.	ZC-SC-03

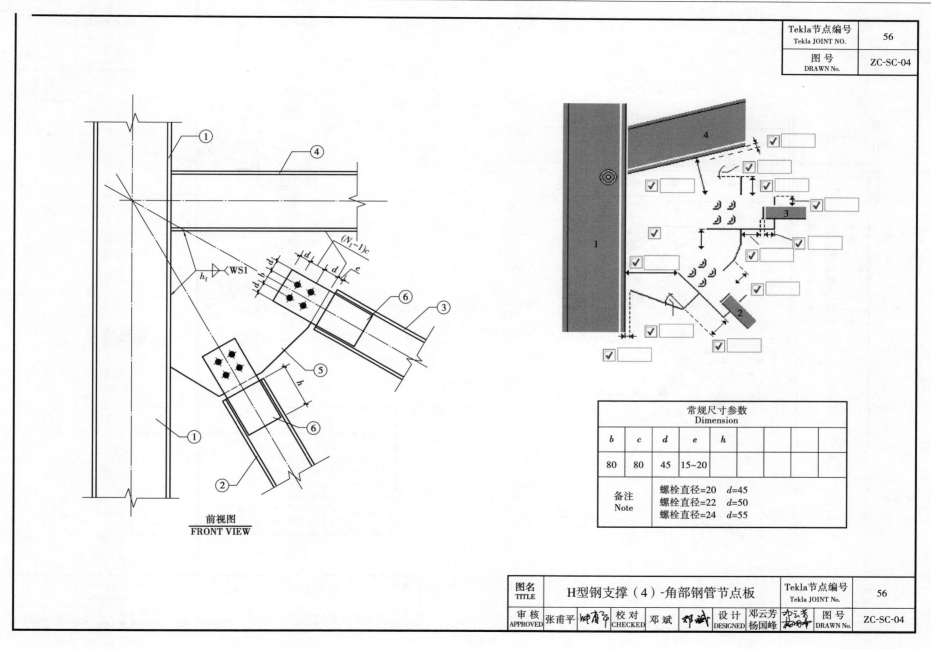

Tekla节点编号 Tekla JOINT NO.	56
图 号 DRAWN No.	ZC-SC-04

前视图
FRONT VIEW

常规尺寸参数 Dimension							
b	c	d	e	h			
80	80	45	15~20				
备注 Note	螺栓直径=20 $d=45$ 螺栓直径=22 $d=50$ 螺栓直径=24 $d=55$						

图名 TITLE	H型钢支撑（4）-角部钢管节点板	Tekla节点编号 Tekla JOINT No.	56
审核 APPROVED	张甫平	校对 CHECKED	邓斌	设计 DESIGNED	邓云芳 杨国峰	图号 DRAWN No.	ZC-SC-04

Tekla节点编号 Tekla JOINT No.	58
图号 DRAWN No.	ZC-SC-05

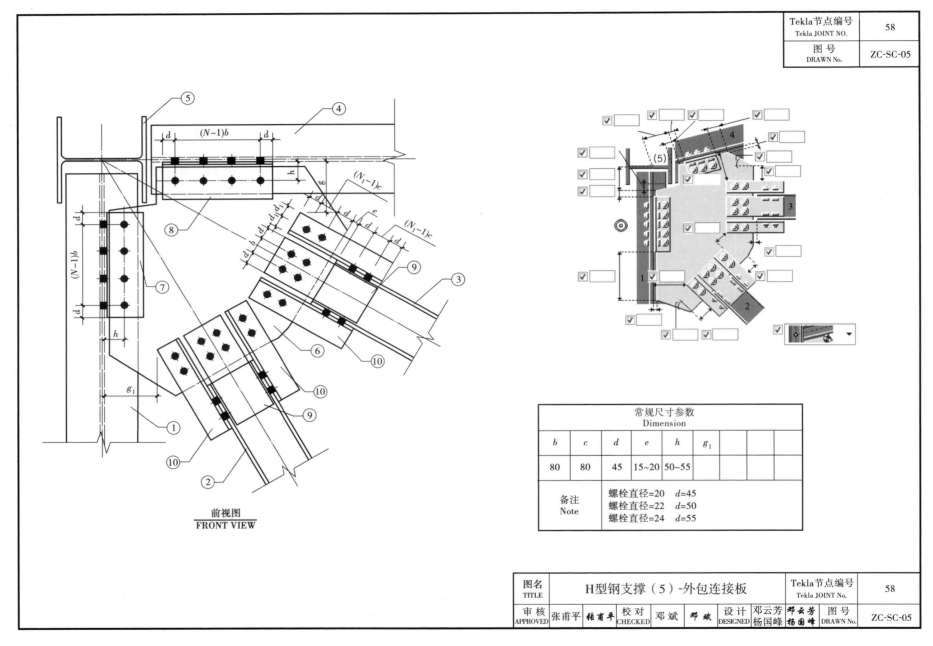

前视图
FRONT VIEW

常规尺寸参数 Dimension								
b	c	d	e	h	g_1			
80	80	45	15~20	50~55				
备注 Note	螺栓直径=20　d=45 螺栓直径=22　d=50 螺栓直径=24　d=55							

图名 TITLE	H型钢支撑（5）-外包连接板		Tekla节点编号 Tekla JOINT No.	58
审核 APPROVED	张甫平　*张甫平*	校对 CHECKED	邓斌　*邓斌*	设计 DESIGNED	邓云芳 杨国峰　*邓云芳* *杨国峰*	图号 DRAWN No.	ZC-SC-05

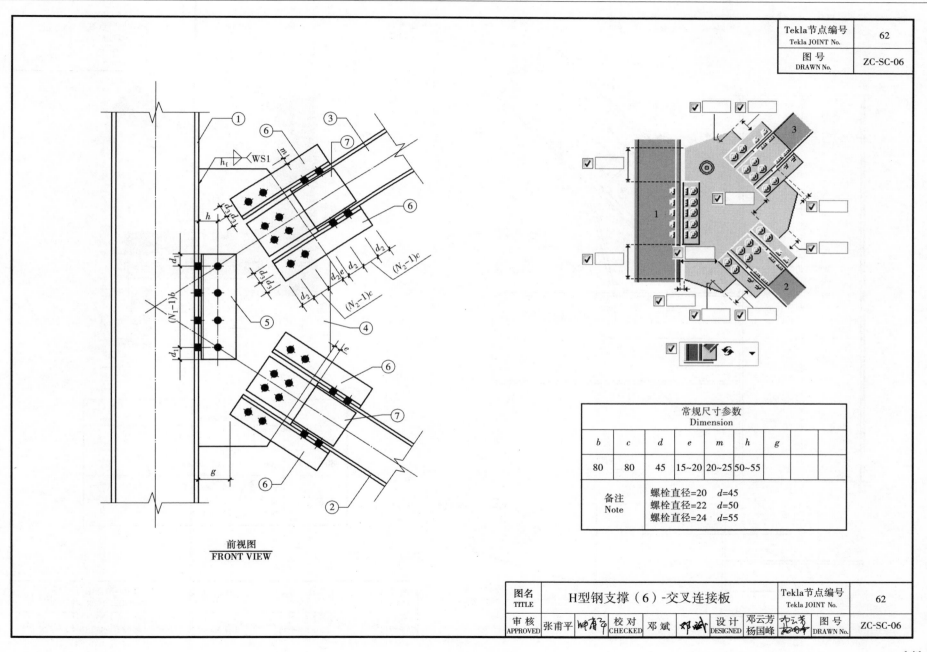

| Tekla节点编号
Tekla JOINT No. | 62 |
| 图　号
DRAWN No. | ZC-SC-06 |

前视图
FRONT VIEW

常规尺寸参数
Dimension

b	c	d	e	m	h	g		
80	80	45	15~20	20~25	50~55			

| 备注
Note | 螺栓直径=20　d=45
螺栓直径=22　d=50
螺栓直径=24　d=55 |

| 图名
TITLE | H型钢支撑（6）-交叉连接板 | | Tekla节点编号
Tekla JOINT No. | 62 |
| 审核
APPROVED | 张甫平 | 校对
CHECKED | 邓斌 | 设计
DESIGNED | 邓云芳
杨国峰 | 图号
DRAWN No. | ZC-SC-06 |

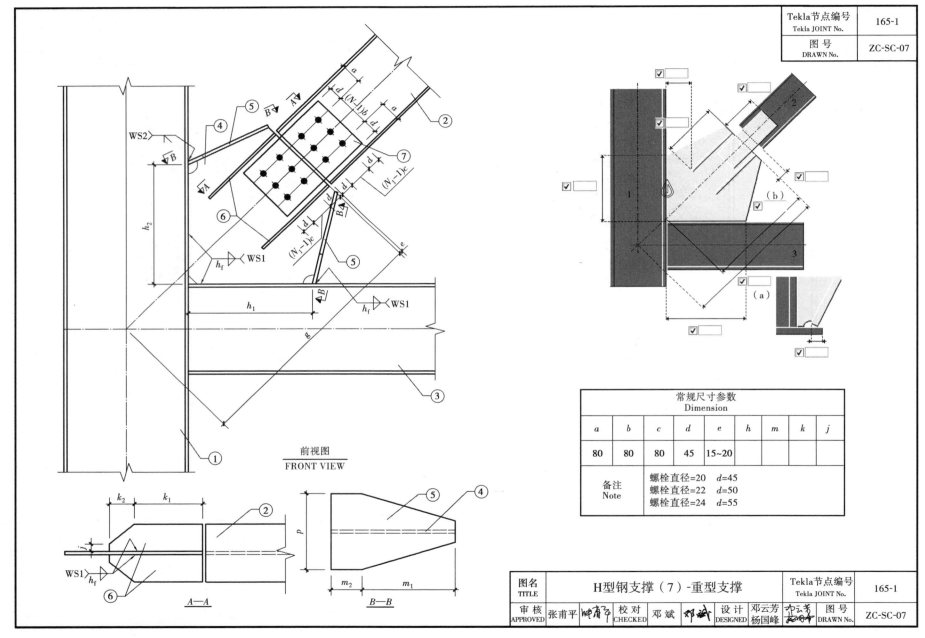

Tekla节点编号 Tekla JOINT No.	165-1
图号 DRAWN No.	ZC-SC-07

前视图
FRONT VIEW

常规尺寸参数 Dimension								
a	*b*	*c*	*d*	*e*	*h*	*m*	*k*	*j*
80	80	80	45	15~20				
备注 Note	螺栓直径=20 *d*=45 螺栓直径=22 *d*=50 螺栓直径=24 *d*=55							

A—A

B—B

图名 TITLE	**H型钢支撑（7）-重型支撑**	Tekla节点编号 Tekla JOINT No.	165-1
审核 APPROVED	张甫平	校对 CHECKED	邓斌	设计 DESIGNED	邓云芳 杨国峰	图号 DRAWN No.	ZC-SC-07

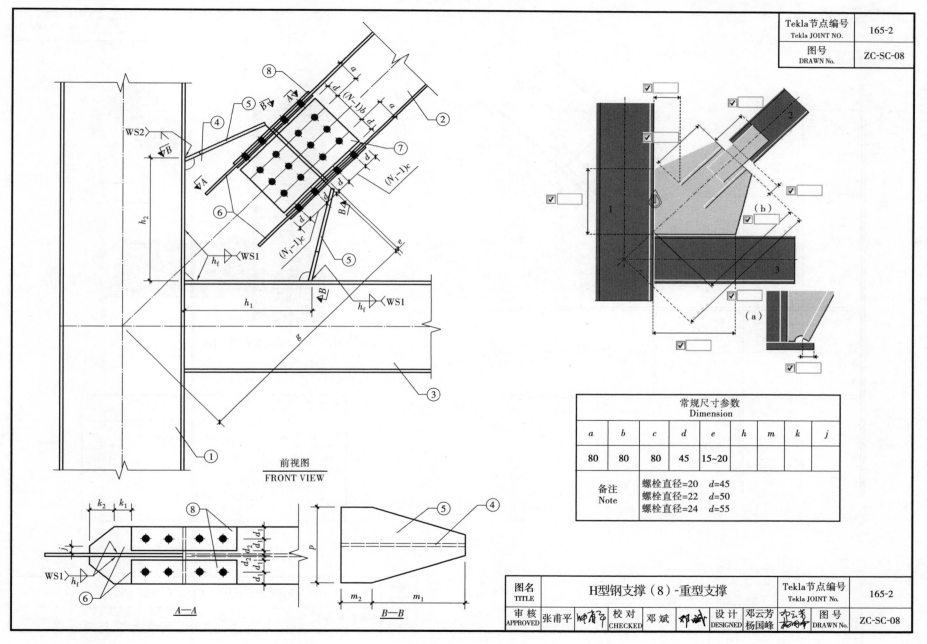

| Tekla节点编号
Tekla JOINT No. | 165-2 |
| 图号
DRAWN No. | ZC-SC-08 |

前视图
FRONT VIEW

常规尺寸参数 Dimension								
a	b	c	d	e	h	m	k	j
80	80	80	45	15~20				

| 备注
Note | 螺栓直径=20　d=45
螺栓直径=22　d=50
螺栓直径=24　d=55 |

A—A

B—B

图名 TITLE	H型钢支撑（8）-重型支撑	Tekla节点编号 Tekla JOINT No.	165-2
审核 APPROVED	张甫平	校对 CHECKED	邓斌	设计 DESIGNED	邓云芳 杨国峰	图号 DRAWN No.	ZC-SC-08

143

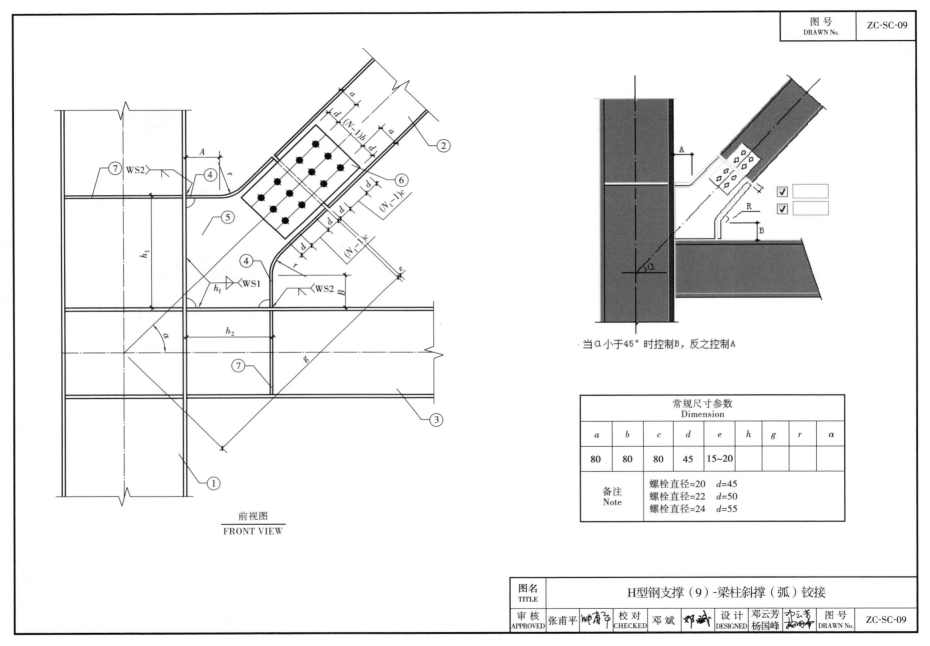

当α小于45°时控制B，反之控制A

前视图
FRONT VIEW

图号 DRAWN No.	ZC-SC-09

常规尺寸参数 Dimension								
a	b	c	d	e	h	g	r	α
80	80	80	45	15~20				
备注 Note	螺栓直径=20 d=45 螺栓直径=22 d=50 螺栓直径=24 d=55							

图名 TITLE	H型钢支撑（9）-梁柱斜撑（弧）铰接					
审核 APPROVED	张甫平	校对 CHECKED	邓斌	设计 DESIGNED	邓云芳 杨国峰	图号 DRAWN No. ZC-SC-09

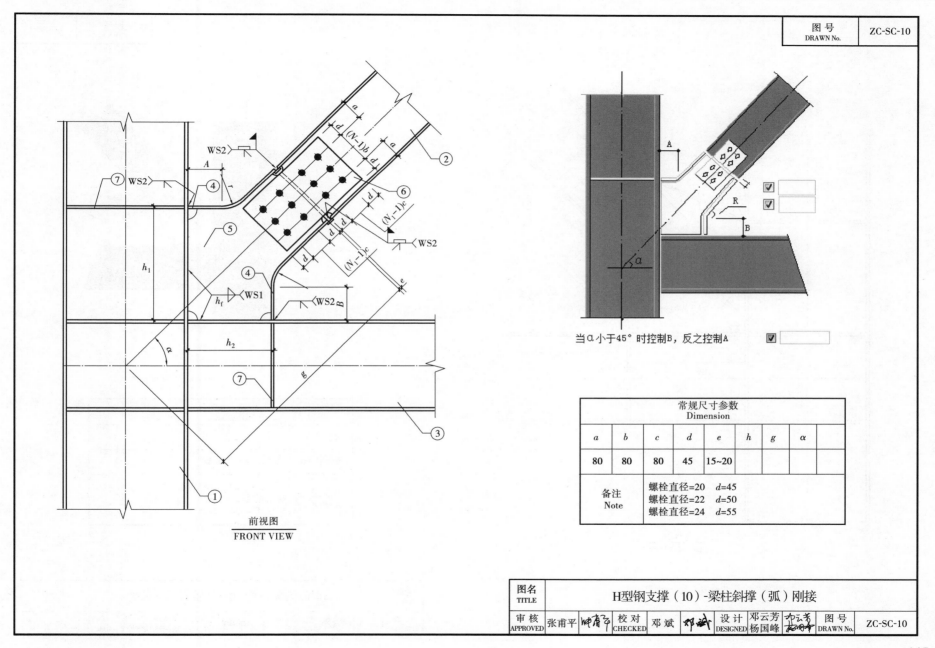

当α小于45°时控制B，反之控制A

前视图
FRONT VIEW

常规尺寸参数 Dimension							
a	b	c	d	e	h	g	α
80	80	80	45	15~20			
备注 Note	螺栓直径=20　d=45 螺栓直径=22　d=50 螺栓直径=24　d=55						

图名 TITLE	H型钢支撑（10）-梁柱斜撑（弧）刚接						
审　核 APPROVED	张甫平		校　对 CHECKED	邓斌	设　计 DESIGNED	邓云芳 杨国峰	图　号 DRAWN No.	ZC-SC-10

145

| 图号
DRAWN No. | ZC-SC-11 |

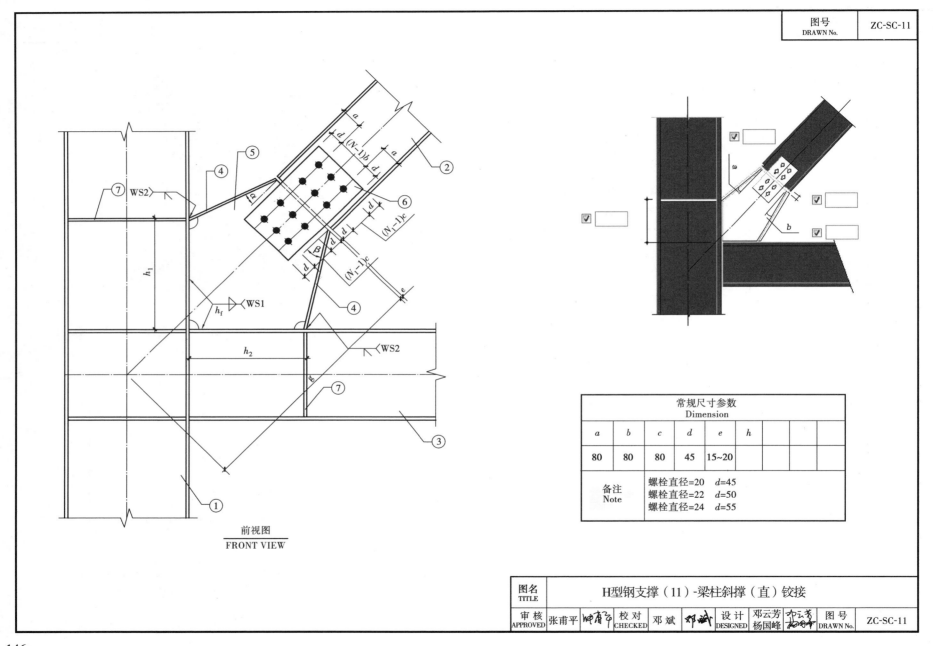

前视图
FRONT VIEW

常规尺寸参数 Dimension								
a	b	c	d	e	h			
80	80	80	45	15~20				

| 备注
Note | 螺栓直径=20　d=45
螺栓直径=22　d=50
螺栓直径=24　d=55 |

图名 TITLE	H型钢支撑（11）-梁柱斜撑（直）铰接			
审核 APPROVED	张甫平	校对 CHECKED	邓斌	设计 DESIGNED	邓云芳 杨国峰	图号 DRAWN No.	ZC-SC-11

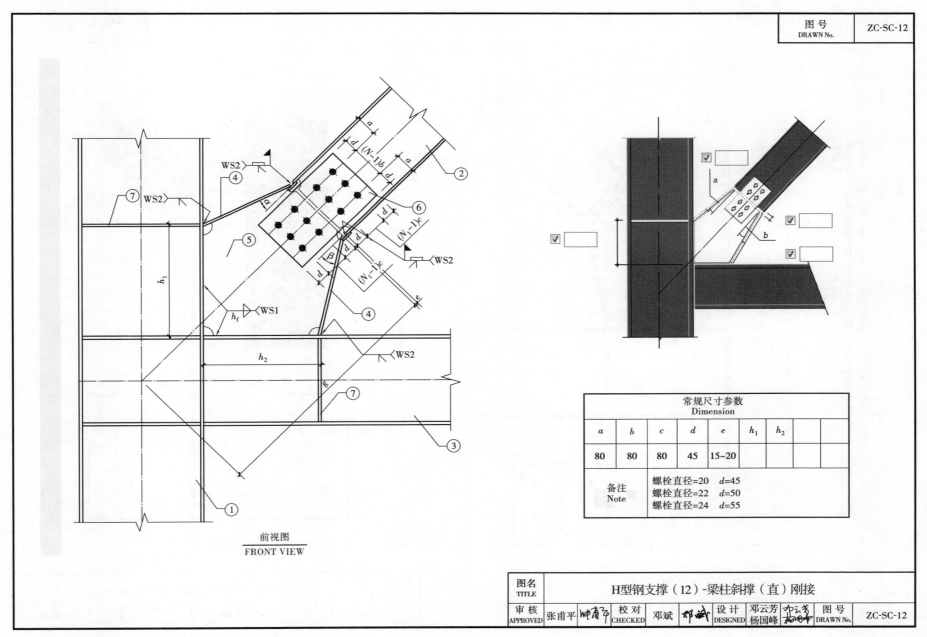

图号 DRAWN No.	ZC-SC-12

前视图
FRONT VIEW

常规尺寸参数
Dimension

a	b	c	d	e	h_1	h_2		
80	80	80	45	15~20				

备注 Note	螺栓直径=20 d=45 螺栓直径=22 d=50 螺栓直径=24 d=55

图名 TITLE	**H型钢支撑（12）-梁柱斜撑（直）刚接**						
审 核 APPROVED	张甫平		校 对 CHECKED	邓斌	设 计 DESIGNED	邓云芳 杨国峰	图号 DRAWN No.	ZC-SC-12

147

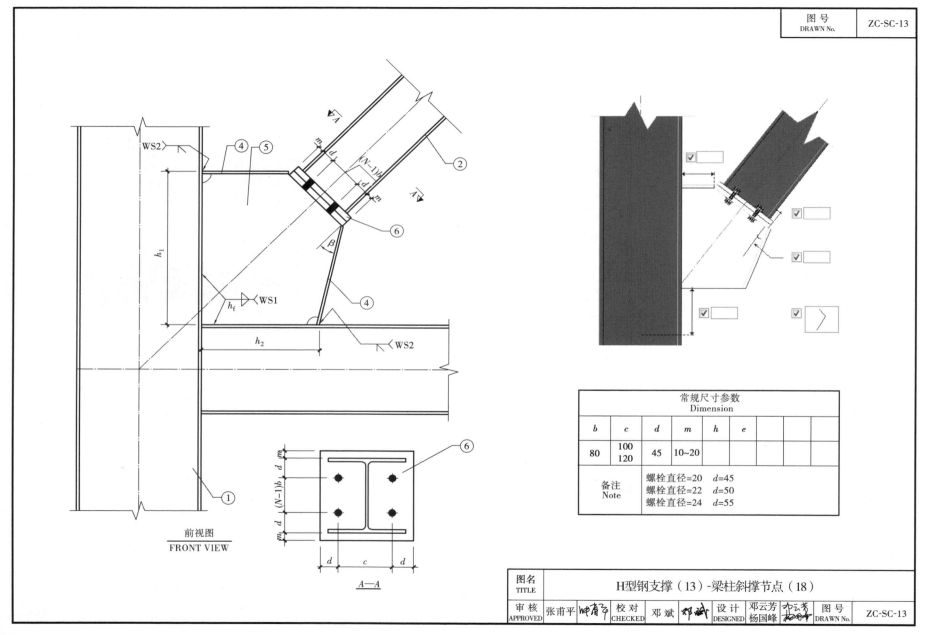

图 号 DRAWN No.	ZC-SC-13

前视图
FRONT VIEW

A—A

图 号 DRAWN No.	ZC-SC-13

常规尺寸参数 Dimension							
b	c	d	m	h	e		
80	100 120	45	10~20				
备注 Note	螺栓直径=20 d=45 螺栓直径=22 d=50 螺栓直径=24 d=55						

图名 TITLE	H型钢支撑（13）-梁柱斜撑节点（18）						图 号 DRAWN No.	ZC-SC-13
审 核 APPROVED	张甫平	校 对 CHECKED	邓 斌	设 计 DESIGNED	邓云芳 杨国峰			

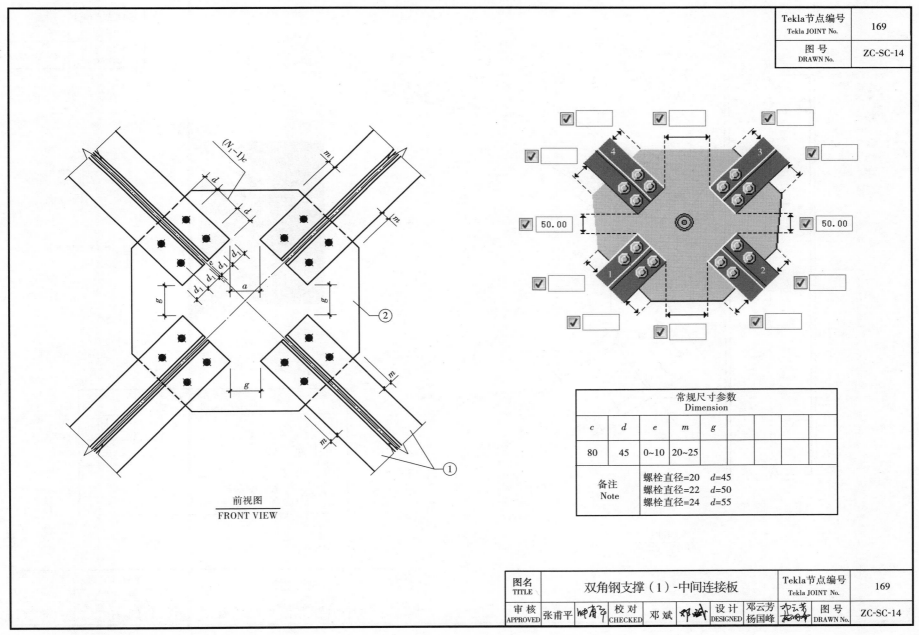

Tekla节点编号 Tekla JOINT No.	169
图 号 DRAWN No.	ZC-SC-14

50.00

50.00

前视图
FRONT VIEW

常规尺寸参数 Dimension							
c	d	e	m	g			
80	45	0~10	20~25				
备注 Note	螺栓直径=20 d=45 螺栓直径=22 d=50 螺栓直径=24 d=55						

图名 TITLE	双角钢支撑（1）-中间连接板		Tekla节点编号 Tekla JOINT No.	169
审核 APPROVED	张甫平	校对 CHECKED	邓斌	设计 DESIGNED	邓云芳 杨国峰	图号 DRAWN No.	ZC-SC-14

149

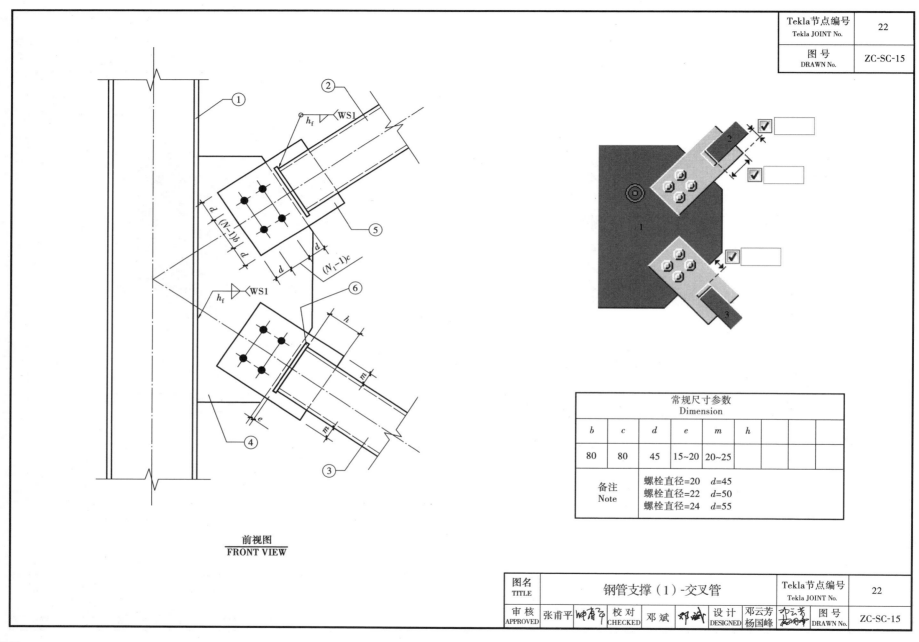

Tekla节点编号 Tekla JOINT No.	22
图 号 DRAWN No.	ZC-SC-15

前视图
FRONT VIEW

常规尺寸参数 Dimension								
b	c	d	e	m	h			
80	80	45	15~20	20~25				
备注 Note	螺栓直径=20 d=45 螺栓直径=22 d=50 螺栓直径=24 d=55							

图名 TITLE	钢管支撑（1）-交叉管		Tekla节点编号 Tekla JOINT No.	22
审 核 APPROVED	张甫平	校 对 CHECKED 邓斌	设 计 DESIGNED 邓云芳 杨国峰	图 号 DRAWN No. ZC-SC-15

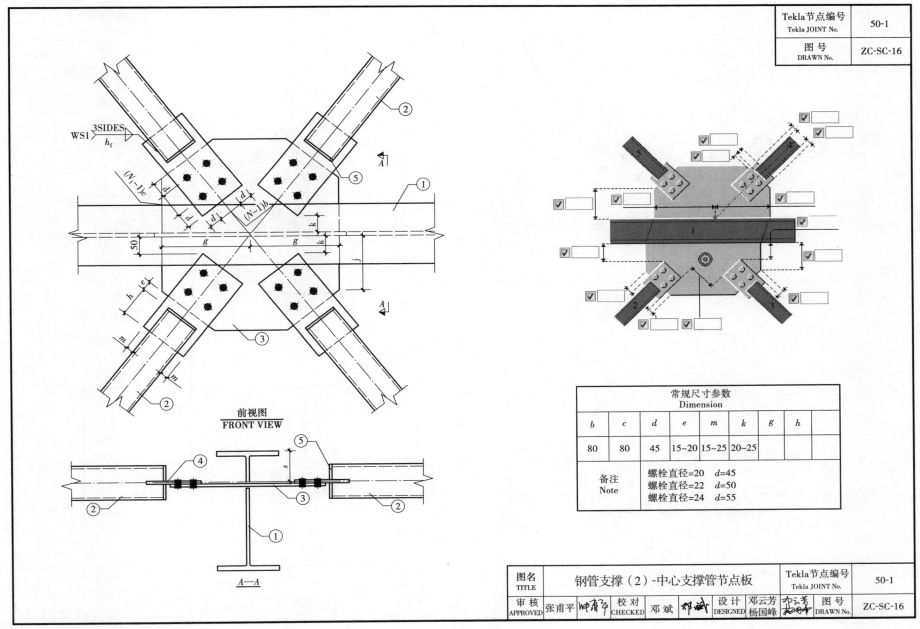

Tekla节点编号 Tekla JOINT No.	50-1
图号 DRAWN No.	ZC-SC-16

WS1 3SIDES
h_f

前视图
FRONT VIEW

$A—A$

常规尺寸参数 Dimension							
b	c	d	e	m	k	g	h
80	80	45	15~20	15~25	20~25		

备注 Note	螺栓直径=20 d=45 螺栓直径=22 d=50 螺栓直径=24 d=55

图名 TITLE	钢管支撑（2）-中心支撑管节点板	Tekla节点编号 Tekla JOINT No.	50-1
审核 APPROVED	张甫平	校对 CHECKED	邓斌	设计 DESIGNED	邓云芳 杨国峰	图号 DRAWN No.	ZC-SC-16

151

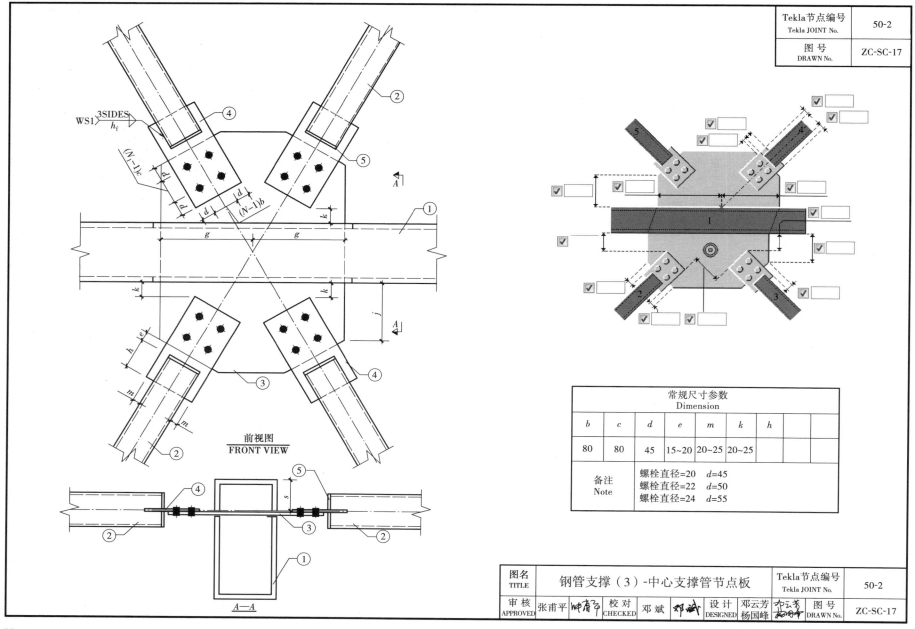

Tekla节点编号 Tekla JOINT No.	50-2
图号 DRAWN No.	ZC-SC-17

WS1 3SIDES h_f

$(N-1)c$

$(N-1)b$

前视图
FRONT VIEW

A—A

常规尺寸参数 Dimension							
b	c	d	e	m	k	h	
80	80	45	15~20	20~25	20~25		
备注 Note	螺栓直径=20 d=45 螺栓直径=22 d=50 螺栓直径=24 d=55						

图名 TITLE	钢管支撑（3）-中心支撑管节点板	Tekla节点编号 Tekla JOINT No.	50-2
审核 APPROVED	张甫平	校对 CHECKED	邓斌	设计 DESIGNED	邓云芳 杨国峰	图号 DRAWN No.	ZC-SC-17

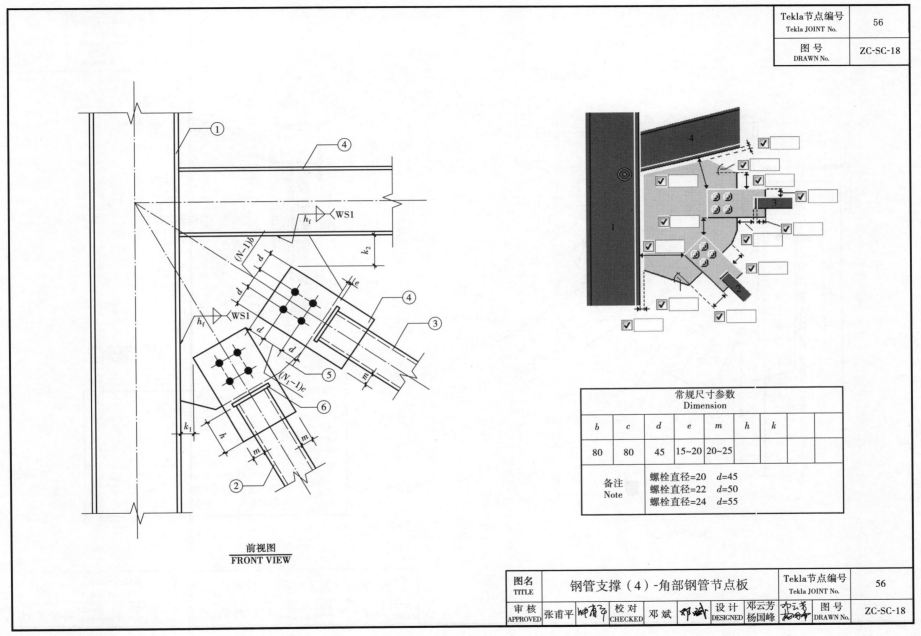

Tekla节点编号 Tekla JOINT No.	56
图 号 DRAWN No.	ZC-SC-18

前视图
FRONT VIEW

常规尺寸参数
Dimension

b	c	d	e	m	h	k
80	80	45	15~20	20~25		

备注 Note	螺栓直径=20 d=45 螺栓直径=22 d=50 螺栓直径=24 d=55

图名 TITLE	钢管支撑（4）-角部钢管节点板	Tekla节点编号 Tekla JOINT No.	56
审 核 APPROVED	张甫平	校 对 CHECKED	邓 斌	设 计 DESIGNED	邓云芳 杨国峰	图 号 DRAWN No.	ZC-SC-18

Tekla节点编号 Tekla JOINT No.	59
图 号 DRAWN No.	ZC-SC-19

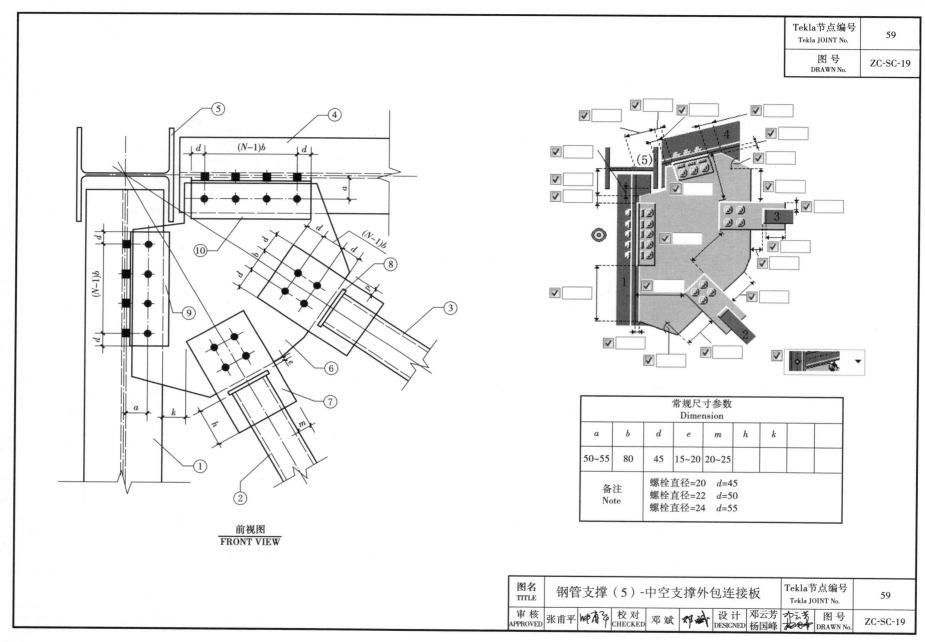

前视图
FRONT VIEW

常规尺寸参数
Dimension

a	b	d	e	m	h	k
50~55	80	45	15~20	20~25		
备注 Note	螺栓直径=20　$d=45$ 螺栓直径=22　$d=50$ 螺栓直径=24　$d=55$					

图名 TITLE	钢管支撑（5）-中空支撑外包连接板	Tekla节点编号 Tekla JOINT No.	59
审核 APPROVED	张甫平	校对 CHECKED	邓斌	设计 DESIGNED	邓云芳 杨国峰	图号 DRAWN No.	ZC-SC-19

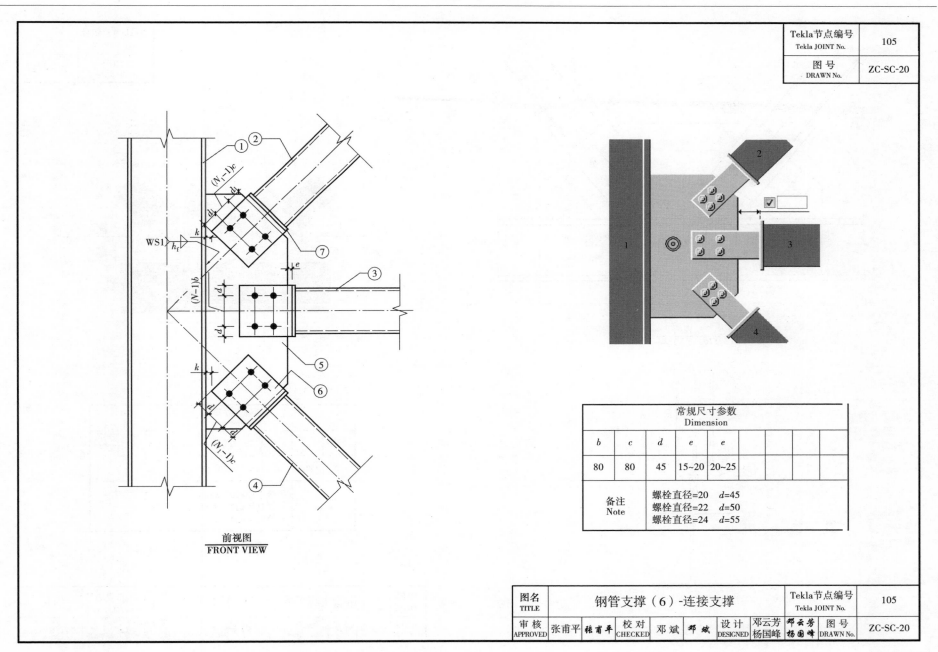

Tekla节点编号 Tekla JOINT No.	105
图 号 DRAWN No.	ZC-SC-20

WS1

前视图
FRONT VIEW

常规尺寸参数 Dimension								
b	c	d	e	e				
80	80	45	15~20	20~25				
备注 Note	螺栓直径=20　d=45 螺栓直径=22　d=50 螺栓直径=24　d=55							

图名 TITLE	钢管支撑（6）-连接支撑						Tekla节点编号 Tekla JOINT No.	105
审 核 APPROVED	张甫平	张甫平	校 对 CHECKED	邓斌	邓斌	设 计 DESIGNED	邓云芳 杨国峰	邓云芳 杨国峰	图 号 DRAWN No.	ZC-SC-20

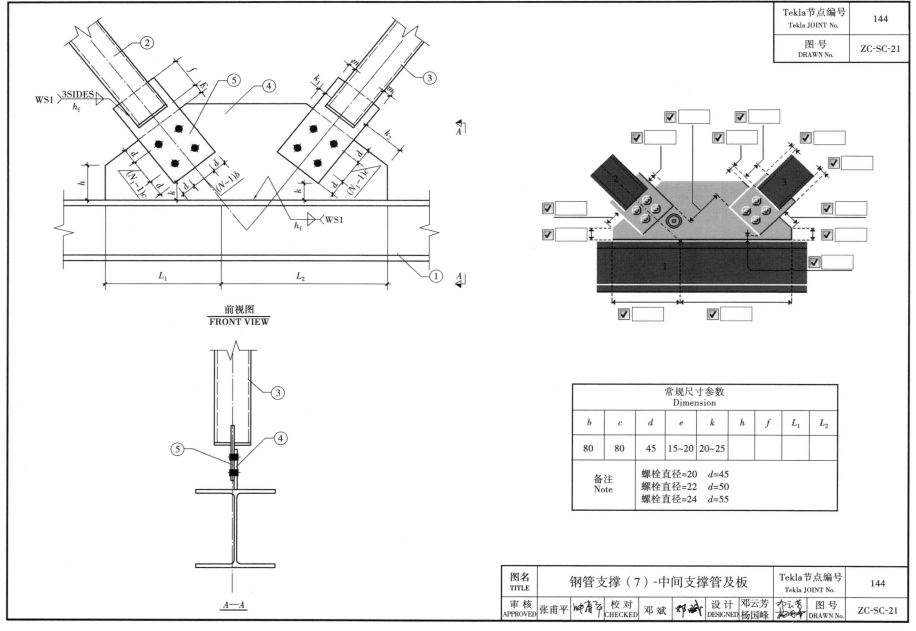

Tekla节点编号 Tekla JOINT No.	144
图 号 DRAWN No.	ZC-SC-21

3SIDES
WS1
h_f

WS1
h_f

L_1

L_2

前视图
FRONT VIEW

A—A

常规尺寸参数 Dimension								
b	c	d	e	k	h	f	L_1	L_2
80	80	45	15~20	20~25				
备注 Note	螺栓直径=20 d=45 螺栓直径=22 d=50 螺栓直径=24 d=55							

图名 TITLE	钢管支撑（7）-中间支撑管及板	Tekla节点编号 Tekla JOINT No.	144
审 核 APPROVED	张甫平	校 对 CHECKED	邓斌	设 计 DESIGNED	邓云芳 杨国峰	图 号 DRAWN No.	ZC-SC-21

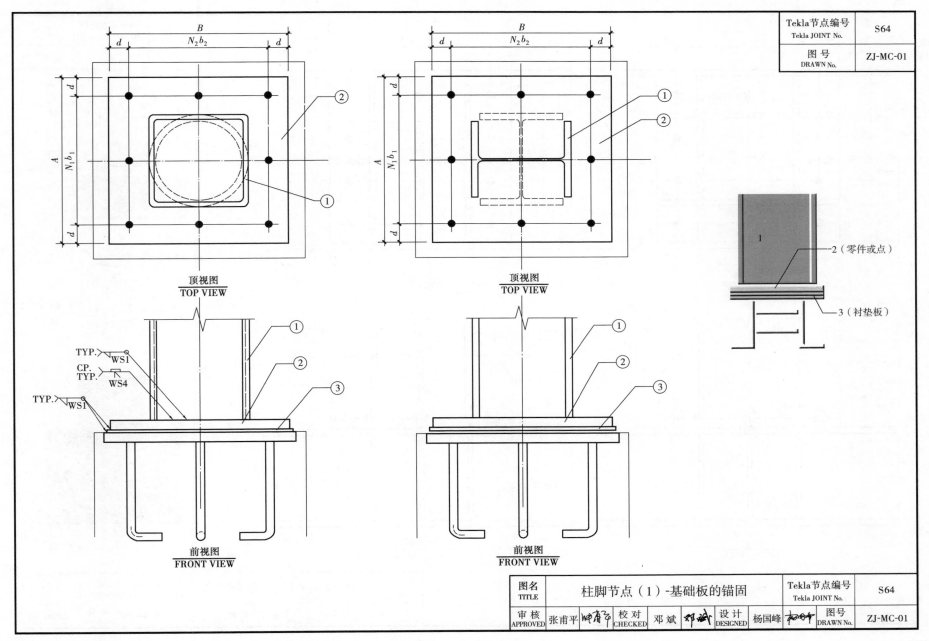

Tekla节点编号 Tekla JOINT No.	S64
图　号 DRAWN No.	ZJ-MC-01

顶视图
TOP VIEW

顶视图
TOP VIEW

前视图
FRONT VIEW

前视图
FRONT VIEW

2（零件或点）

3（衬垫板）

图名 TITLE	柱脚节点（1）-基础板的锚固			Tekla节点编号 Tekla JOINT No.	S64
审核 APPROVED	张甫平	校对 CHECKED	邓斌	设计 DESIGNED	杨国峰	图号 DRAWN No.	ZJ-MC-01

157

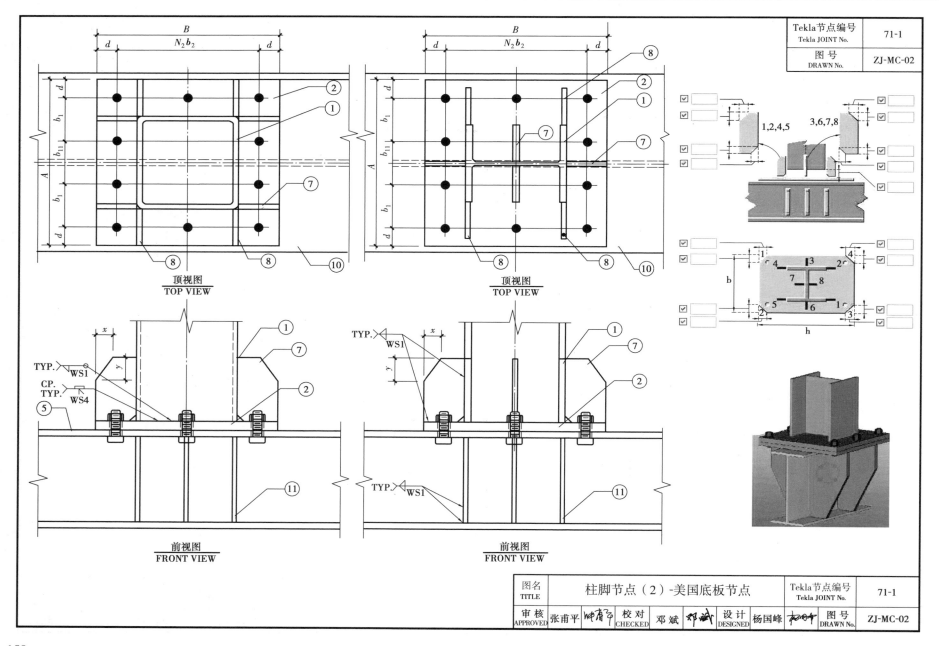

| Tekla节点编号 Tekla JOINT No. | 71-1 |
| 图 号 DRAWN No. | ZJ-MC-02 |

1,2,4,5   3,6,7,8

顶视图
TOP VIEW

顶视图
TOP VIEW

前视图
FRONT VIEW

前视图
FRONT VIEW

| 图名 TITLE | 柱脚节点（2）-美国底板节点 | | | | Tekla节点编号 Tekla JOINT No. | 71-1 |
| 审核 APPROVED | 张甫平 | 校对 CHECKED | 邓斌 | 设计 DESIGNED | 杨国峰 | 图号 DRAWN No. | ZJ-MC-02 |

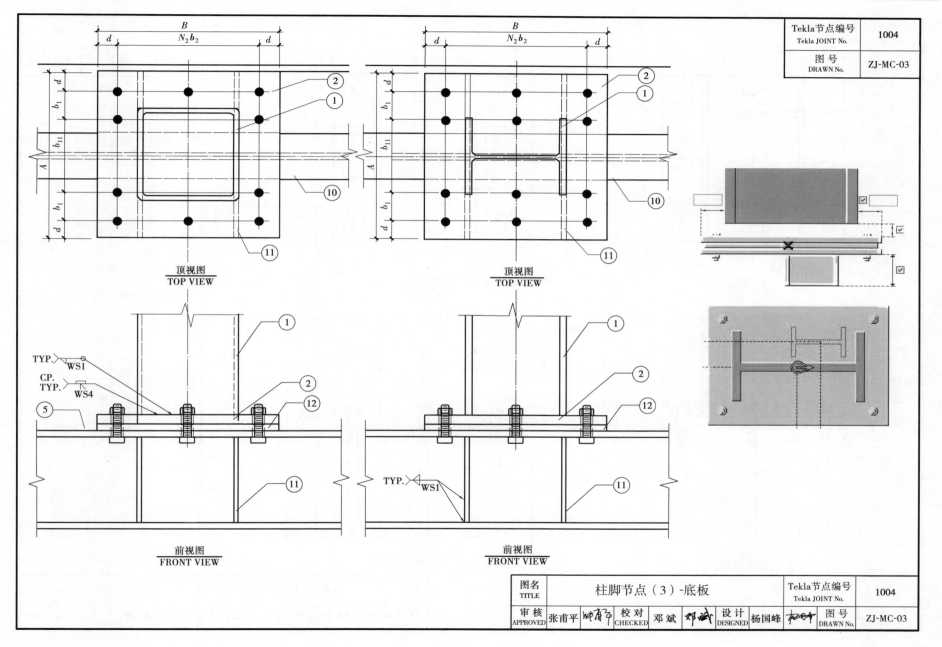

Tekla节点编号 Tekla JOINT No.	1004
图号 DRAWN No.	ZJ-MC-03

顶视图
TOP VIEW

前视图
FRONT VIEW

图名 TITLE	柱脚节点（3）-底板						Tekla节点编号 Tekla JOINT No.	1004	
审 核 APPROVED	张甫平		校 对 CHECKED	邓 斌		设 计 DESIGNED	杨国峰	图 号 DRAWN No.	ZJ-MC-03

159

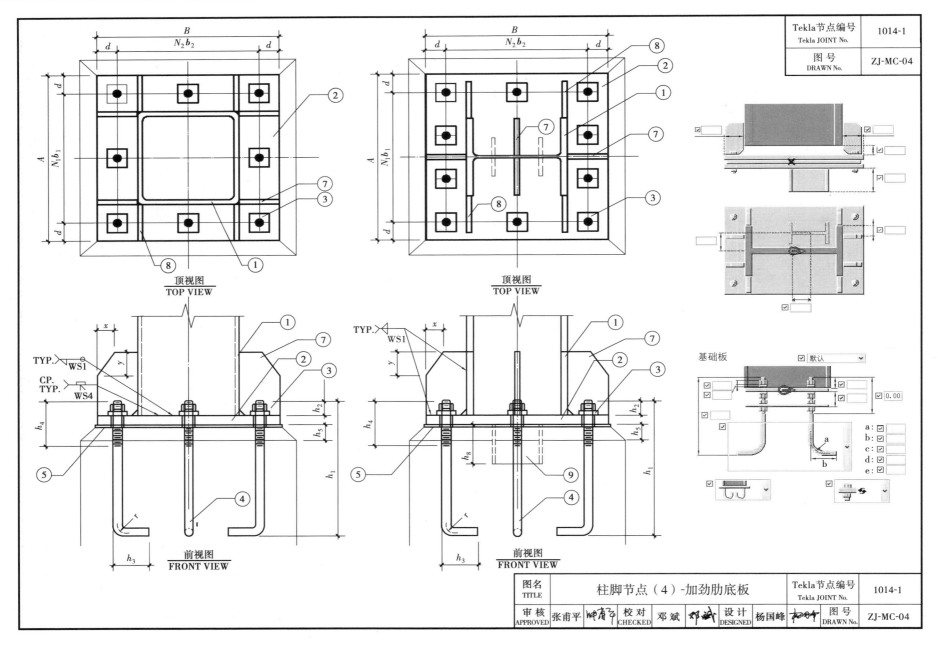

顶视图
TOP VIEW

前视图
FRONT VIEW

| Tekla节点编号
Tekla JOINT No. | 1014-1 |
| 图 号
DRAWN No. | ZJ-MC-04 |

基础板

| 图名
TITLE | 柱脚节点（4）-加劲肋底板 | | Tekla节点编号
Tekla JOINT No. | 1014-1 | |
| 审 核
APPROVED | 张甫平 | 校 对
CHECKED | 邓斌 | 设 计
DESIGNED | 杨国峰 | 图 号
DRAWN No. | ZJ-MC-04 |

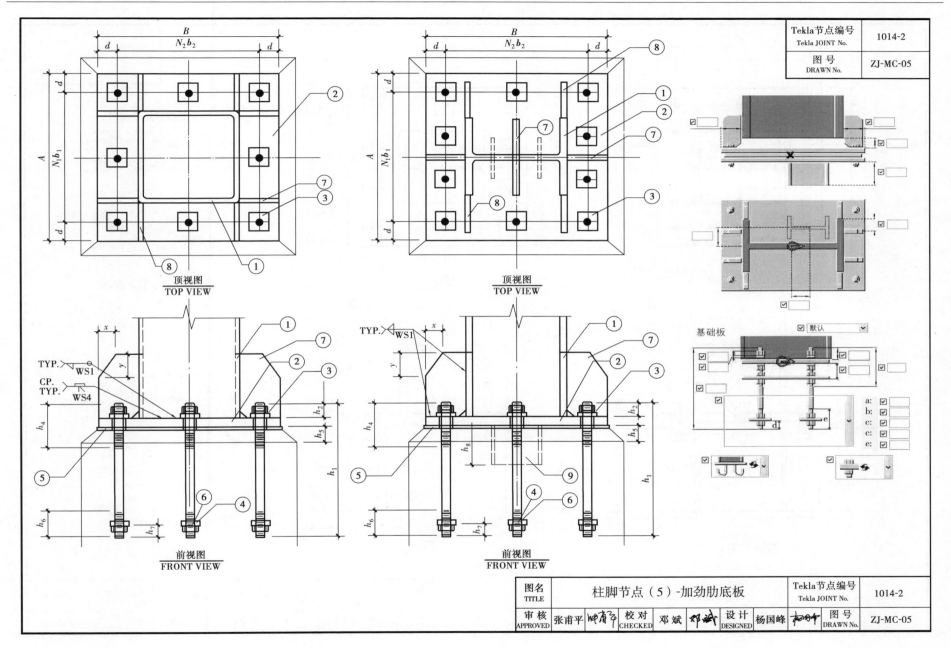

顶视图
TOP VIEW

前视图
FRONT VIEW

Tekla节点编号 Tekla JOINT No.	1014-2
图 号 DRAWN No.	ZJ-MC-05

基础板

图名 TITLE	柱脚节点（5）-加劲肋底板			Tekla节点编号 Tekla JOINT No.	1014-2
审核 APPROVED	张甫平	校对 CHECKED	邓斌	设计 DESIGNED	杨国峰	图号 DRAWN No.	ZJ-MC-05

161

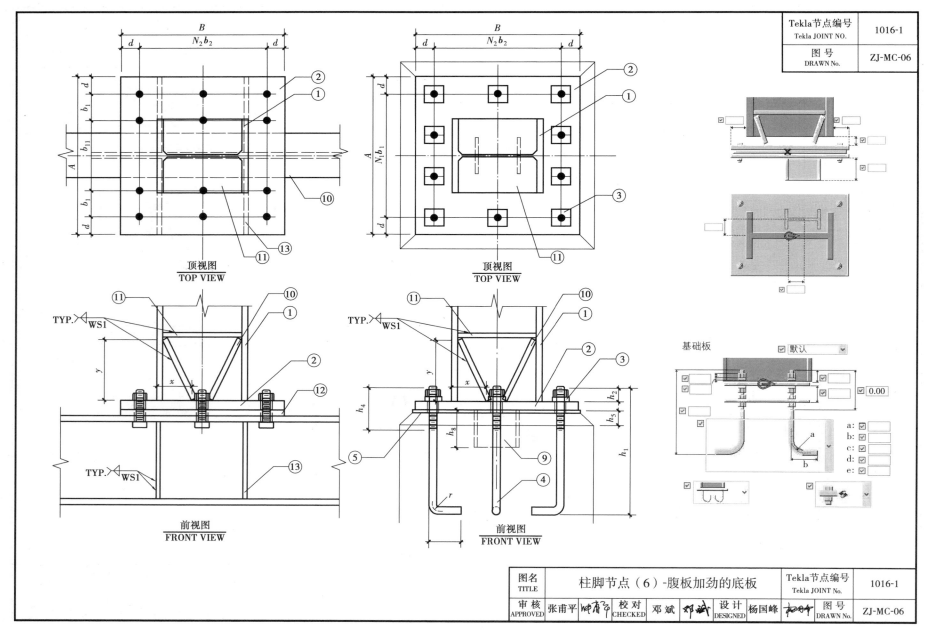

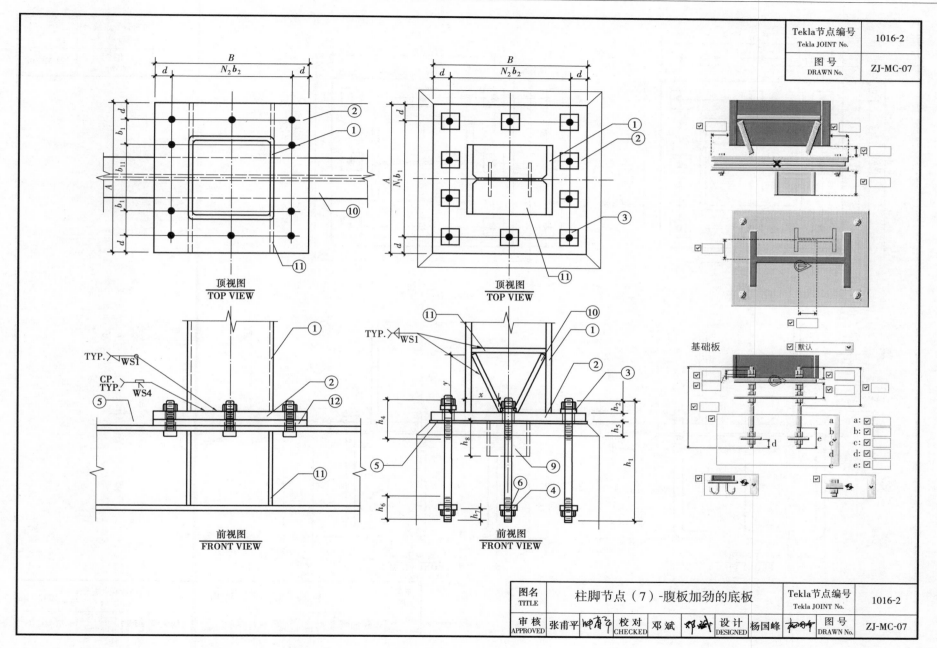

柱脚节点（7）-腹板加劲的底板

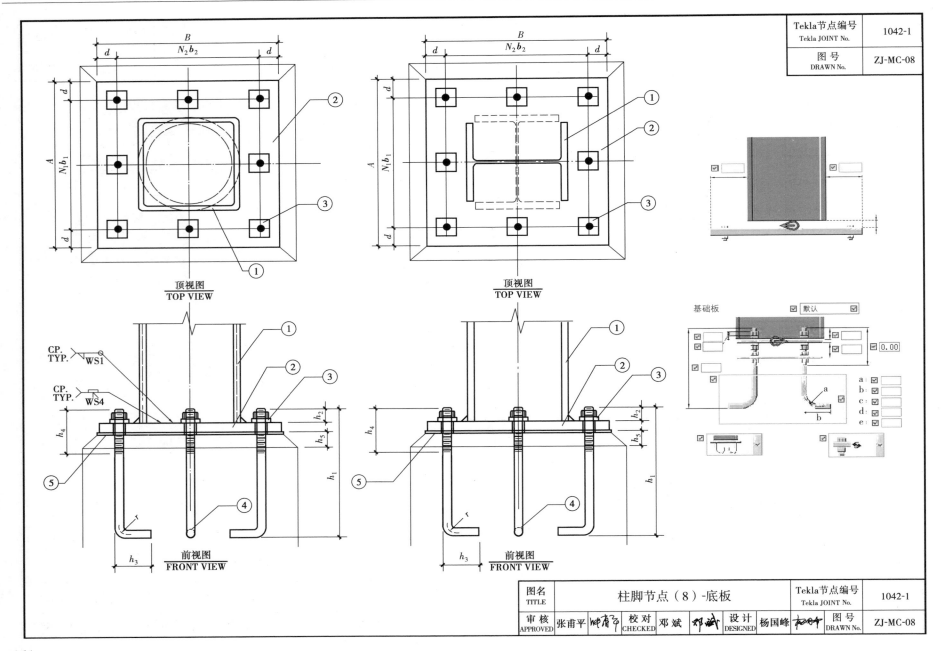

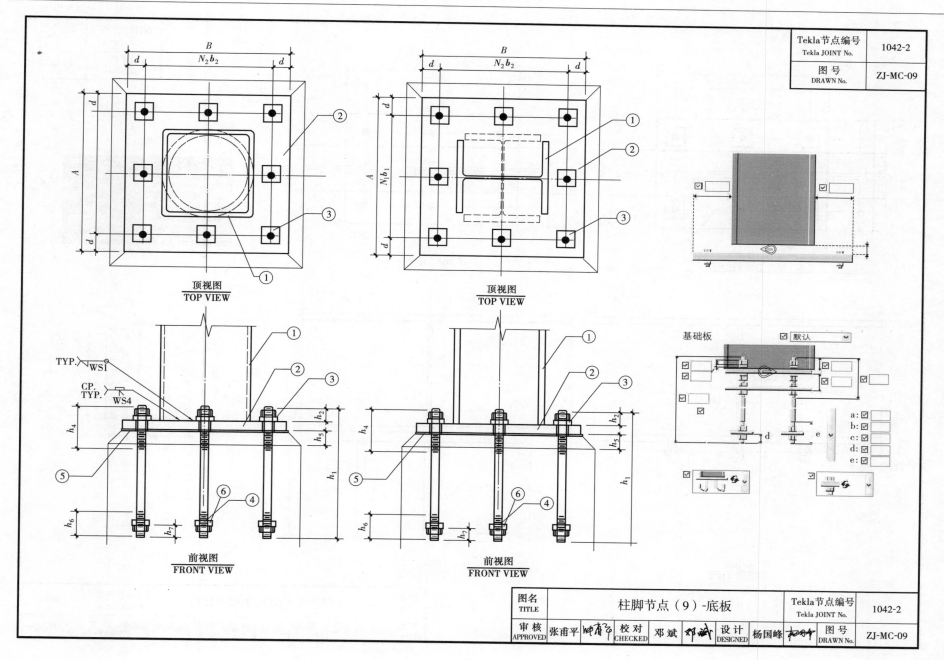

图名 TITLE	柱脚节点（9）-底板	Tekla节点编号 Tekla JOINT No.	1042-2
审核 APPROVED	张甫平	校对 CHECKED	邓斌	设计 DESIGNED	杨国峰	图号 DRAWN No.	ZJ-MC-09

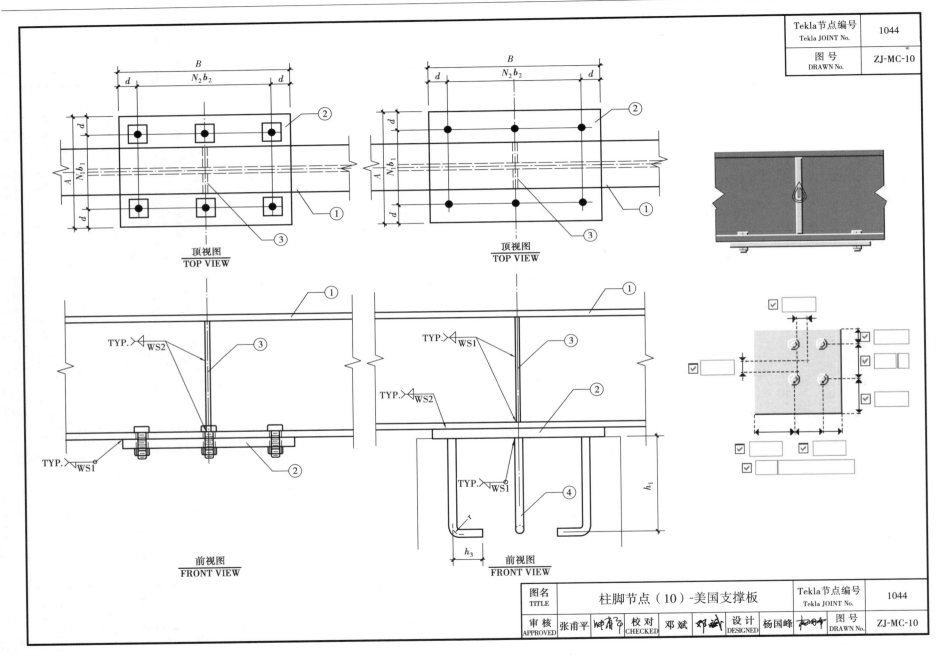

Tekla节点编号 Tekla JOINT No.	1044
图 号 DRAWN No.	ZJ-MC-10

顶视图
TOP VIEW

顶视图
TOP VIEW

前视图
FRONT VIEW

前视图
FRONT VIEW

图名 TITLE	柱脚节点（10）-美国支撑板	Tekla节点编号 Tekla JOINT No.	1044
审核 APPROVED	张甫平	校对 CHECKED	邓斌	设计 DESIGNED	杨国峰	图号 DRAWN No.	ZJ-MC-10

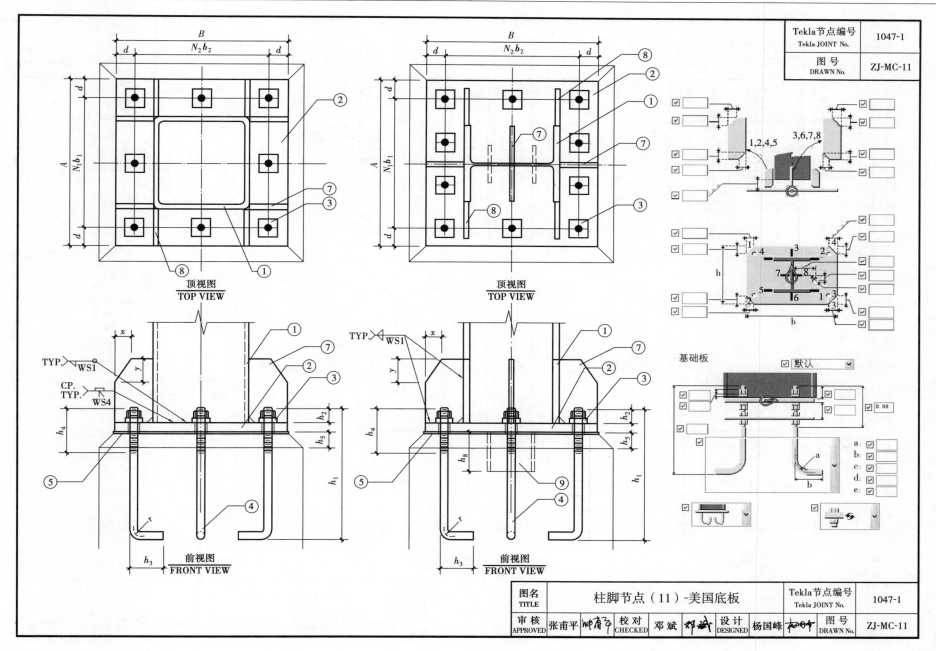

顶视图
TOP VIEW

顶视图
TOP VIEW

前视图
FRONT VIEW

前视图
FRONT VIEW

基础板

默认

图名 TITLE	柱脚节点（11）-美国底板		Tekla节点编号 Tekla JOINT No.	1047-1
审核 APPROVED	张甫平	校对 CHECKED	邓斌	设计 DESIGNED	杨国峰	图号 DRAWN No.	ZJ-MC-11

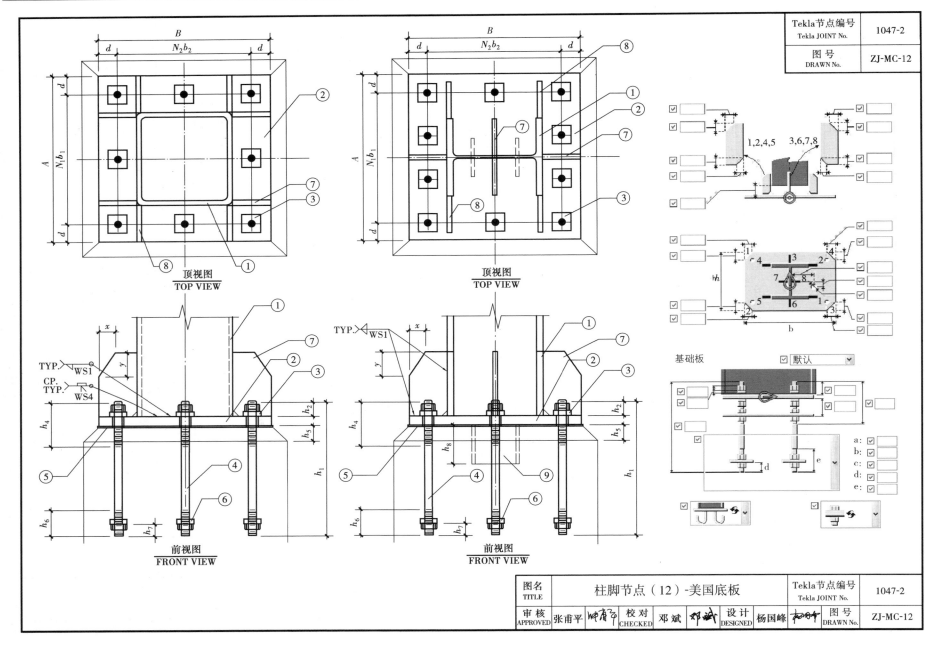

柱脚节点（12）-美国底板

图名 TITLE	柱脚节点（12）-美国底板	Tekla节点编号 Tekla JOINT No.	1047-2
审核 APPROVED	张甫平	校对 CHECKED	邓斌	设计 DESIGNED	杨国峰	图号 DRAWN No.	ZJ-MC-12

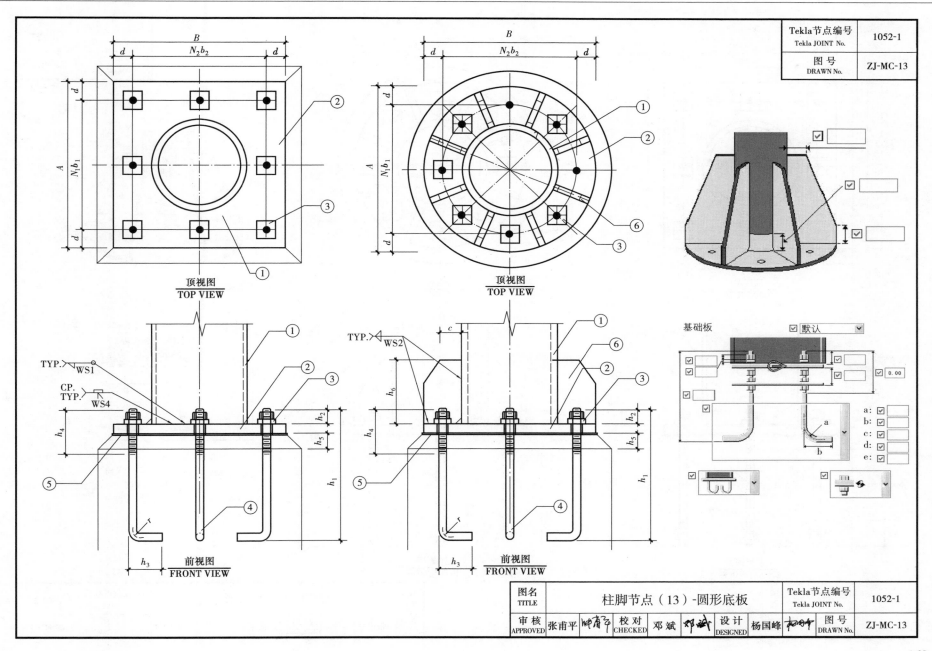

Tekla节点编号
Tekla JOINT No. 1052-1

图 号
DRAWN No. ZJ-MC-13

顶视图
TOP VIEW

顶视图
TOP VIEW

基础板

前视图
FRONT VIEW

前视图
FRONT VIEW

图名 TITLE	柱脚节点（13）-圆形底板	Tekla节点编号 Tekla JOINT No.	1052-1
审核 APPROVED	张甫平	校对 CHECKED 邓斌	设计 DESIGNED 杨国峰	图号 DRAWN No. ZJ-MC-13

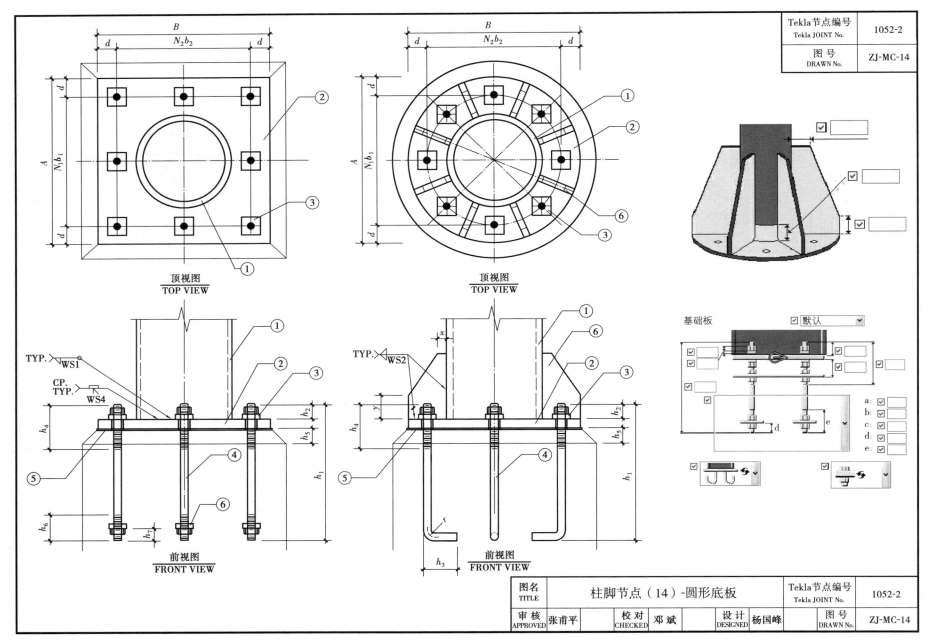

Tekla节点编号 Tekla JOINT No.	1052-2
图 号 DRAWN No.	ZJ-MC-14

顶视图
TOP VIEW

顶视图
TOP VIEW

前视图
FRONT VIEW

前视图
FRONT VIEW

基础板

图名 TITLE	柱脚节点（14）-圆形底板	Tekla节点编号 Tekla JOINT No.	1052-2
审 核 APPROVED	张甫平	校 对 CHECKED 邓 斌	设 计 DESIGNED 杨国峰	图 号 DRAWN No.	ZJ-MC-14

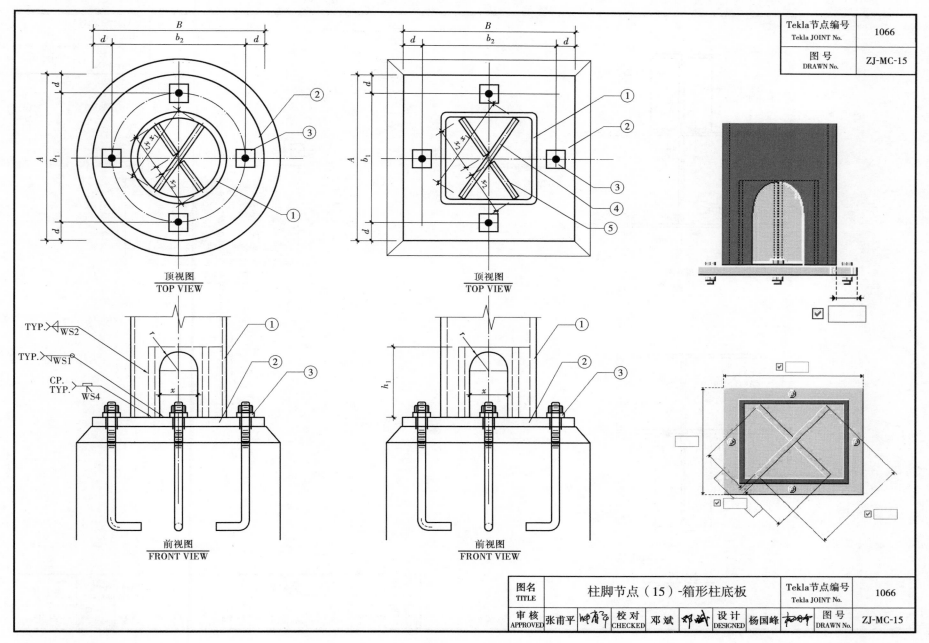

顶视图
TOP VIEW

顶视图
TOP VIEW

前视图
FRONT VIEW

前视图
FRONT VIEW

TYP. WS2
TYP. WS1
CP. TYP. WS4

Tekla节点编号 Tekla JOINT No.	1066
图　号 DRAWN No.	ZJ-MC-15

图名 TITLE	柱脚节点（15）-箱形柱底板		Tekla节点编号 Tekla JOINT No.	1066
审核 APPROVED	张甫平	校对 CHECKED 邓斌	设计 DESIGNED 杨国峰	图号 DRAWN No. ZJ-MC-15

171

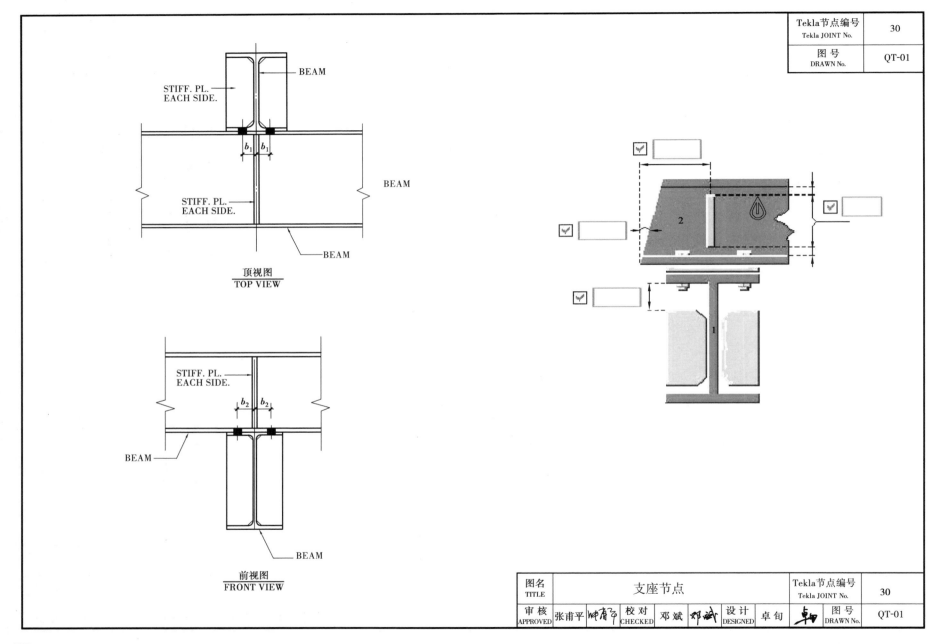

Tekla节点编号 Tekla JOINT No.	30
图 号 DRAWN No.	QT-01

STIFF. PL.
EACH SIDE.

BEAM

b_1 | b_1

STIFF. PL.
EACH SIDE.

BEAM

BEAM

顶视图
TOP VIEW

STIFF. PL.
EACH SIDE.

b_2 | b_2

BEAM

BEAM

前视图
FRONT VIEW

图名 TITLE	支座节点	Tekla节点编号 Tekla JOINT No.	30
审核 APPROVED	张甫平	校对 CHECKED	邓斌	设计 DESIGNED	卓旬	图号 DRAWN No.	QT-01

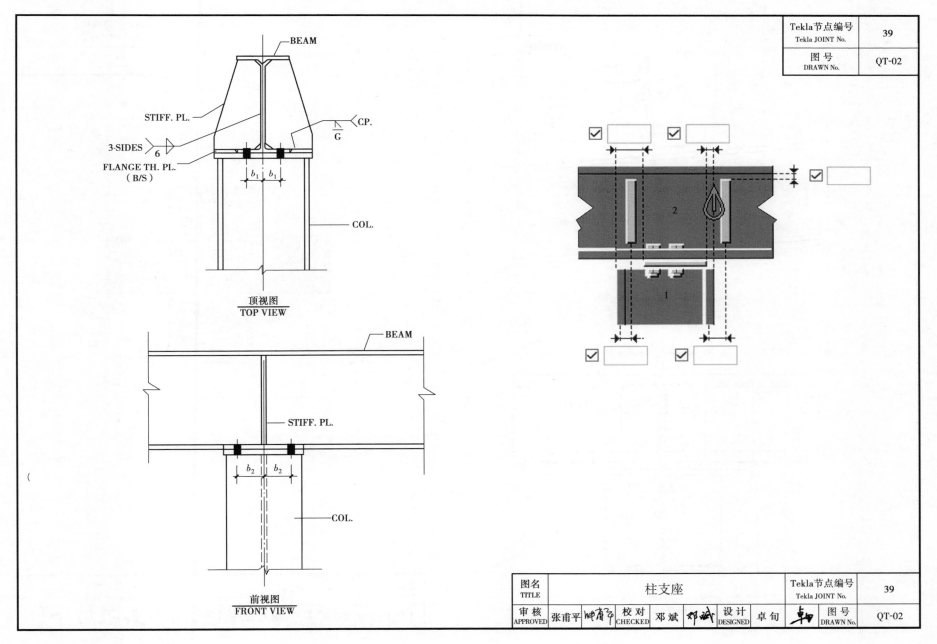

	Tekla节点编号 Tekla JOINT No.	39
	图 号 DRAWN No.	QT-02

顶视图
TOP VIEW

前视图
FRONT VIEW

BEAM

STIFF. PL.

3-SIDES

FLANGE TH. PL.
（ B/S ）

CP.

COL.

图名 TITLE	柱支座					Tekla节点编号 Tekla JOINT No.	39
审核 APPROVED	张甫平	校对 CHECKED	邓斌	设计 DESIGNED	卓旬	图号 DRAWN No.	QT-02

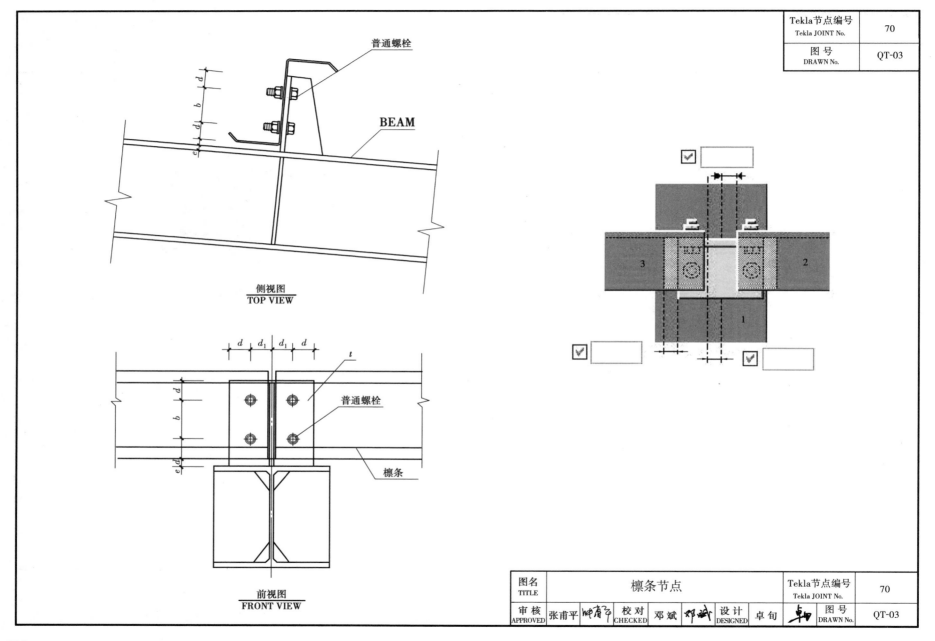

侧视图
TOP VIEW

BEAM

普通螺栓

前视图
FRONT VIEW

普通螺栓

檩条

图名 TITLE	檩条节点				Tekla节点编号 Tekla JOINT No.		70
审 核 APPROVED	张甫平	校 对 CHECKED	邓斌	设 计 DESIGNED	卓旬	图 号 DRAWN No.	QT-03

Tekla节点编号
Tekla JOINT No.   70

图 号
DRAWN No.   QT-03

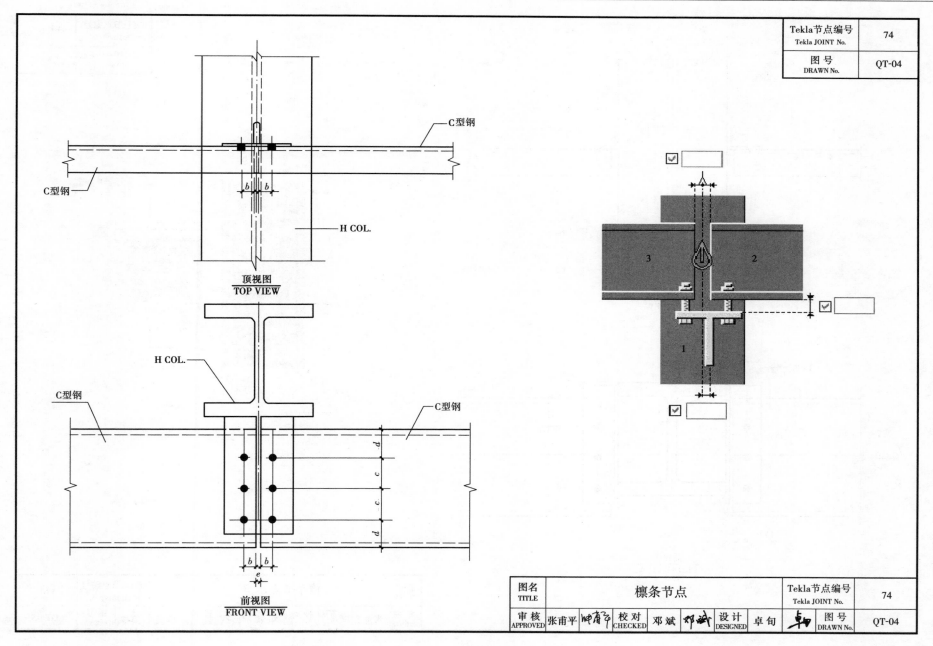

Tekla节点编号 Tekla JOINT No.	74
图 号 DRAWN No.	QT-04

C型钢

C型钢

H COL.

b　*b*

顶视图
TOP VIEW

H COL.

C型钢

C型钢

d

c

c

d

b　*b*

e

前视图
FRONT VIEW

3　2

1

图名 TITLE	檩条节点				Tekla节点编号 Tekla JOINT No.	74
审 核 APPROVED	张甫平	校 对 CHECKED	邓斌	设 计 DESIGNED	卓旬	图 号 DRAWN No.	QT-04

175

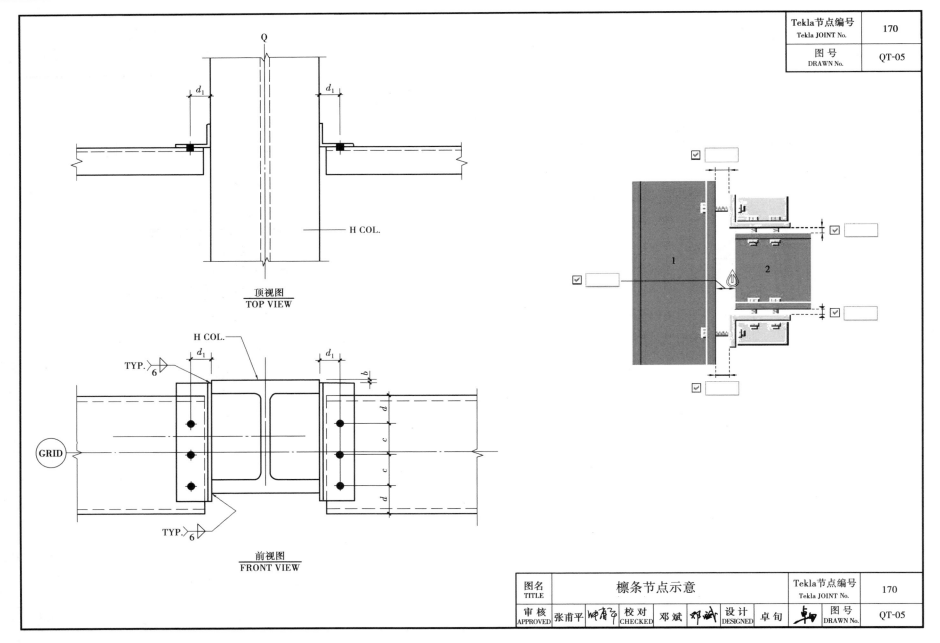

Tekla节点编号 Tekla JOINT No.	170
图 号 DRAWN No.	QT-05

Q

d_1 d_1

H COL.

顶视图
TOP VIEW

H COL.

TYP. 6

d_1 d_1

b

d

c

c

d

GRID

TYP. 6

前视图
FRONT VIEW

图名 TITLE	檩条节点示意					Tekla节点编号 Tekla JOINT No.	170
审 核 APPROVED	张甫平	校 对 CHECKED	邓斌	设 计 DESIGNED	卓旬	图 号 DRAWN No.	QT-05

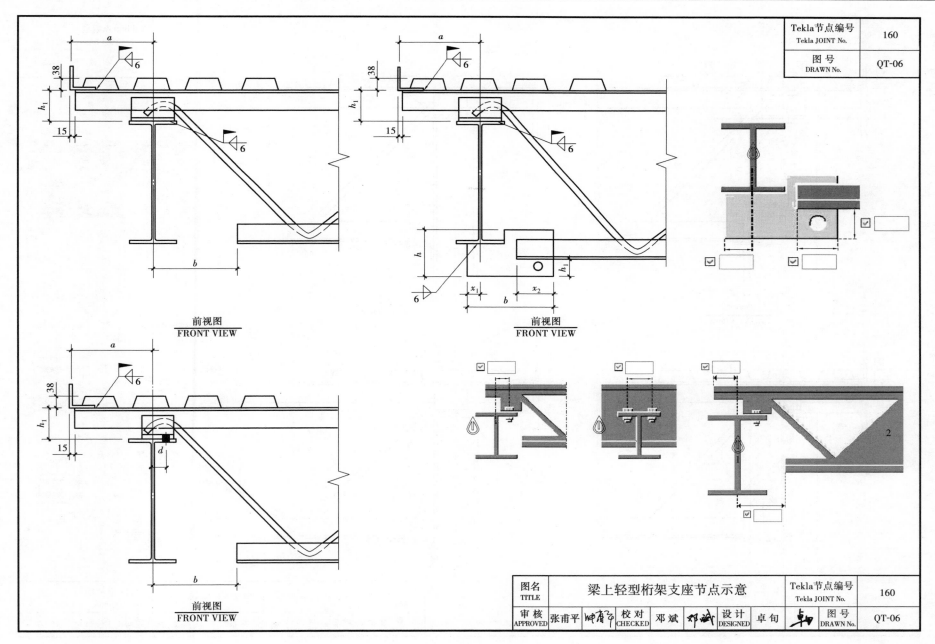

Tekla节点编号 Tekla JOINT No.	160
图　号 DRAWN No.	QT-06

前视图
FRONT VIEW

前视图
FRONT VIEW

前视图
FRONT VIEW

图名 TITLE	梁上轻型桁架支座节点示意	Tekla节点编号 Tekla JOINT No.	160
审核 APPROVED	张甫平	校对 CHECKED	邓斌	设计 DESIGNED	卓旬	图号 DRAWN No.	QT-06

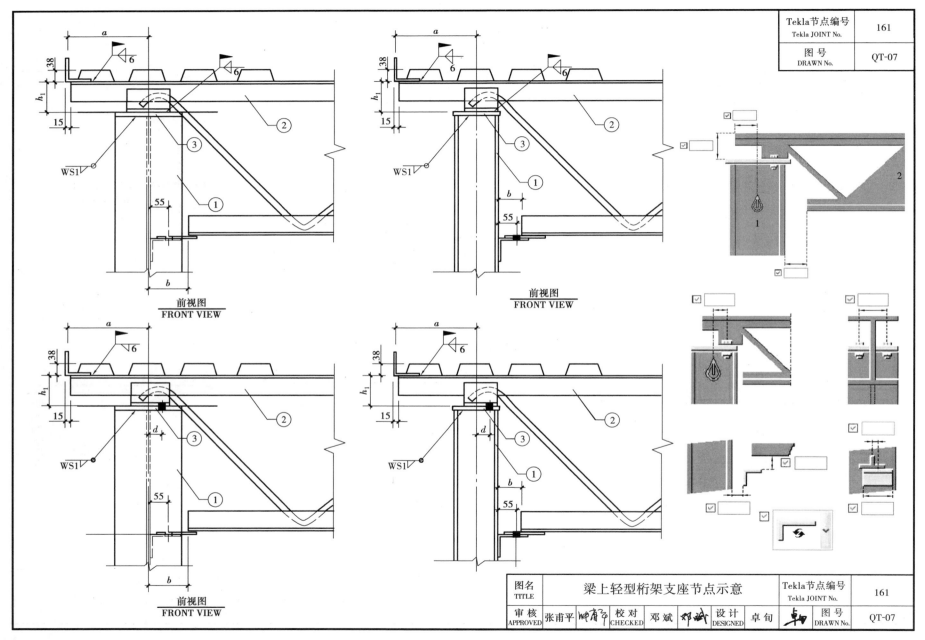

	Tekla节点编号 Tekla JOINT No.	161
	图 号 DRAWN No.	QT-07

前视图
FRONT VIEW

前视图
FRONT VIEW

前视图
FRONT VIEW

图名 TITLE	梁上轻型桁架支座节点示意				Tekla节点编号 Tekla JOINT No.	161
审核 APPROVED	张甫平	校对 CHECKED	邓斌	设计 DESIGNED	卓旬	图 号 DRAWN No.	QT-07

参考文献

［1］ 中华人民共和国住房和城乡建设部. GB 50011—2010　建筑抗震设计规范［S］. 北京:中国建筑工业出版社,2010.

［2］ 中华人民共和国住房和城乡建设部. GB 50017—2017　钢结构设计标准［S］. 北京:中国建筑工业出版社,2017.

［3］ 中华人民共和国住房和城乡建设部. GB 51022—2015　门式刚架轻型房屋钢结构技术规范［S］. 北京:中国建筑工业出版社,2015.

［4］ 中华人民共和国建设部. GB 50018—2002　冷弯薄壁型钢结构技术规范［S］. 北京:中国计划出版社,2002.

［5］ 中华人民共和国住房和城乡建设部. JGJ 99—2015　高层民用建筑钢结构技术规程［S］. 北京:中国建筑工业出版社,2015.

［6］ 中华人民共和国住房和城乡建设部. GB 50661—2011　钢结构焊接规范［S］. 北京:中国建筑工业出版社,2011.

［7］ 中华人民共和国住房和城乡建设部. JGJ 82—2011　钢结构高强度螺栓连接技术规程［S］. 北京:中国建筑工业出版社,2011.

［8］ 中国建筑标准设计研究院. 16G519　多、高层民用建筑钢结构节点构造详图［S］. 北京:中国计划出版社,2016.

［9］ 夏志斌,姚谏. 钢结构原理与设计［M］. 2 版. 北京:中国建筑工业出版社,2011.

［10］ 谢国昂,王松涛. 钢结构设计深化及详图表达［M］. 北京:中国建筑工业出版社,2010.

［11］ 李星荣,魏才昂,秦斌. 钢结构连接节点设计手册［M］. 3 版. 北京:中国建筑工业出版社,2014.

［12］ 陈绍蕃. 现代钢结构设计师手册:上册［M］. 北京:中国电力出版社,2006.

［13］ 沈祖炎. 钢结构制作安装手册［M］. 2 版. 北京:中国建筑工业出版社,2011.